U0173248

中核集团核工业西南物理研究院科技丛书
中国核学会核科普系列丛书

托起明天的太阳

中国环流神器

带你了解核聚变的奥秘

中核集团核工业西南物理研究院◎编著

·北京·

图书在版编目（CIP）数据

托起明天的太阳 / 中核集团核工业西南物理研究院编著. —北京：科学技术文献出版社，2021. 10

ISBN 978-7-5189-8336-0

Ⅰ. ①托… Ⅱ. ①中… Ⅲ. ①受控聚变—普及读物 Ⅳ. ① TL6-49

中国版本图书馆 CIP 数据核字（2021）第 204695 号

托起明天的太阳

策划编辑：丁坤善 李 蕊 责任编辑：李 晴 丁坤善 责任校对：张吲哚 责任出版：张志平

出 版 者	科学技术文献出版社
地　　址	北京市复兴路15号　　邮编　100038
编 务 部	（010）58882938，58882087（传真）
发 行 部	（010）58882868，58882870（传真）
邮 购 部	（010）58882873
官方网址	www.stdp.com.cn
发 行 者	科学技术文献出版社发行　全国各地新华书店经销
印 刷 者	北京时尚印佳彩色印刷有限公司
版　　次	2021 年 10 月第 1 版　2021 年 10 月第 1 次印刷
开　　本	710 × 1000　1/16
字　　数	242千
印　　张	18.25
书　　号	ISBN 978-7-5189-8336-0
定　　价	128.00元

实现“人造太阳”将是21世纪的颠覆性大事，将为人类提供低碳安全无尽的受控核聚变能源！《托起明天的太阳》是值得一读的好书！

——杜祥琬，中国工程院院士

如果有一盏灯能被核聚变之能点亮，这一盏灯一定，也只能会在中国！

——李建刚，中国工程院院士

科技筑梦迎百年，聚变能源谱新篇。

——罗德隆，科技部中国国际核聚变能源计划执行中心主任

托起明天的太阳

总序

能源是世界发展和经济增长最基本的驱动力，是人类赖以生存的基础。社会生产力的发展和人类生活水平的提高使得世界能源消耗量日益增大，人类赖以生存的3种主要能源——原油、天然气和煤炭资源，在地球上的储量有限，总有消耗殆尽的一天。摆在人类面前一项紧迫的战略任务就是如何探索利用新的能源来替代化石能源或降低它们的消耗量，一劳永逸地解决人类能源问题。

核能作为主要的替代能源，是可以实现大规模应用的经济能源。核能开发在经济和社会发展中占有十分重要的战略地位。当前我国核电装机及发电占比小，具有较大发展空间。核电站是和平利用核裂变能的一个成功途径；作为核能之一的核聚变能源，尚在开发之中。核聚变能源未来一旦实现商业应用，按照目前世界能源的消费水平，它所需要的主要燃料，由于大量存在于海水之中，将是取之不尽，用之不竭的。

核电事业的发展和核技术的应用已经深入我们的日常生活之中，与保护地球生态，保障食品安全、国民健康有着非常密切的关系，起着相当重要的作用。但是，部分公众对于核能发展仍然心存疑虑和担忧，其主要原因是对核能的了解、认识不足，科学宣传不够。因此，社会公众的支持和认可是核能事业可持续发展的基础条件。向社会公众打开核科学技术世界的窗口，有利于提高社会公众对我国和平利用核能事业的关注度和认同感，促进公众形成对核能的理性认知，赢得社会各界的普遍支持，为我国核工业强国建设事业的顺利推进营造良好的社会氛围和环境。

中国核学会十分重视大众核科学技术知识的普及和宣传。当前，我国核能事业快速发展，核电已成为中国名片。核工业在实现中华民族伟大复兴的“中国梦”中的地位和作用非常重要，发展前景非常广阔。中国的发展有利于世界的和平与发展，新时代中国正全面融入国际社会、全方位参与国际事务，积极推动构建人类命运共同体。在创新发展我国核事业、不辜负历史使命的同时，我们要通过各种科普手段讲好中国“核”故事，分享中国“核”经验，贡献中国“核”智慧，让核科技造福全人类。

作为中国核学会2020年度绿色核能科普系列活动丛书，我会组织编写了《托起明天的太阳》一书，该书由中核集团核工业西南物理研究院承担编撰。核工业西南物理研究院是我国核聚变能源研究的重要基地，我国第一座人造太阳实验装置、中国核聚变领域第一个大科学工程装置——中国环流器一号（HL-1）就诞生于此。中国环流器一号是我国自主设计建造的第一个中型托卡马克装置，它的建成和运行实现了我国核聚变研究由原理探索到大规模装置实验的重大跨越，是我国可控核聚变研究尤其是磁约束核聚变进入大规模实验的一个重要里程碑。《托起明天的太阳》以核工业西南物理研究院建造的中国环流器核聚变实验装置及取得的成果、目前为止中国参与的最大的国际大科学工程——国际热核聚变实验堆（ITER）计划及中国智慧在ITER计划中的主要贡献为主线，向公众通俗易懂地普及宣传清洁、安全、绿色的可控核聚变能源科学知识，磁约束可控核聚变研究发展历程，世界各国推动磁约束核聚变能源研究的努力，并向我们展现了绿色、安全、环保核聚变能源未来的魅力前景。

我国制定的热堆—快堆—聚变堆“三步走”的核能发展战略，其最终目标是实现核聚变能源的和平利用。核聚变能源是目前认识到的最终解决人类能源问题的最重要途径之一。但是，要实现核聚变能源的商业应用，还有很漫长的路要走。期待这本书的问世，能让更多的公众、部门和企业了解、认识、支持核聚变能源的开发，提高公众对核聚变能源研发的关注度，为我国核聚变能源事业的健康发展营造良好的舆论氛围，奠定坚实的社会基础，为最终实现人类“人造太阳”之梦做出积极贡献。

全国政协常委

中国核学会理事长

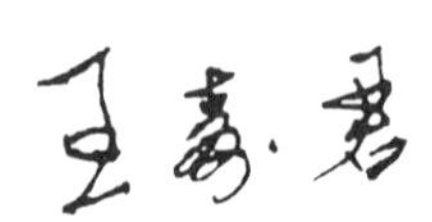

2020年5月

前言

核聚变反应是在高温、高密度与长时间高能量约束的等离子体中实现的。包括太阳在内的大多数星体释放的能量，便是来源于高温氢等离子体中的高能氢核聚合成氦核（α粒子）的核聚变反应，太阳本身就是一座巨大的“核聚变反应堆”。

当1952年第一颗氢弹爆炸成功之后，人类制造核聚变反应成为现实，但那只是不可控制的瞬间爆炸。而可控核聚变能源研究，是要通过某种特殊的途径，把氢弹爆炸的过程在核聚变反应堆中加以控制，并源源不断地输出核聚变能。由于可控核聚变能源产生能量的原理与太阳发光发热的原理一样，可控核聚变能源研究装置也被形象地称为“人造太阳”。为此，中外科学家从那时起，做了大量的研究，想了很多种方法，希望在地球上实现“人造太阳”这一梦想。人类对核聚变能的研究和探索，经历了十分漫长的过程，一直持续到21世纪的今天，尽管仍然任重而道远，但已取得了长足的进步。

人类要在地球上可控地实现核聚变反应来直接获得核聚变能的条件是很苛刻的。具体来说，实现核聚变反应需要两个基本条件：一是把燃料加热到极高温度，温度高达上亿摄氏度。在这样高的温度下，物质全部变成一种叫作等离子体的气体。二是除了高温条件之外，必须将等离子体约束在某种容器中，而这种高温等离子体不能用通常的容器来容纳，因此，要实现核聚变能的利用，首先要解决能够存放高温等离子体的容器问题，使约束在这种容器中的等离子体能够维持足够长的时间，以便连续地发生核聚变反应，源源不断地释放出能量。如何把上亿摄氏度的高温等离子体长时间约束起来，让其能够充分反应，这是可控核聚变研究最主要的困难和问题之一，另外核聚变能源科学的研究也依赖着众多学科的发展。

可控核聚变科学的研究，不仅以解决人类终极能源的梦想为目标，而且这项研究的本身也带动了包括等离子体物理等基础学科的发展；同时在研究过程中开发出的尖端技术又产生出众多对产业有贡献的革新技术，促进了等离子体技术、超导技术、真空技术、高功率微波技术、强流离子束及其注入技术、材料表面改性技术、强脉冲供电技术和诊断及测试技术的发展。可控核聚变能源研发形成的优势技术，已经在航空航天、船舶、生物、医学等领域得到了广泛应用并给我们的生活带来了巨大影响。

可控核聚变能源研究从科学研究到能源应用大致可分为4个阶段：科学可行性验证、工程可行性验证、示范反应堆和商用反应堆。以国际著名的JET、TFTR、JT-60等托卡马克装置为代表的磁约束核聚变能源研究取得的突破性进展，宣告了以托卡马克为代表的磁约束核聚变能源研究的堆芯等离子体科学可行性在实验上已经得到了证实，国际热核聚变实验堆（International Thermonuclear Experimental Reactor，ITER）的建设，标志着托卡马克磁约束核聚变能源研究由基础性研究进入了以验证工程可行性为主要目标的实验堆研究阶段。

核聚变能源研究是人类历史上最具挑战性的科学课题之一。由于核聚变能源研究是一项耗资巨大、研究周期相当长的大科学研究项目，只有开展广泛的国际合作才是加速实现核聚变能源利用的可行之路。目前，正在法国建造，由欧盟、美国、日本、中国、俄罗斯、韩国和印度等七方合作的国际热核聚变实验堆（ITER），其目的是要建设一个为验证全尺寸可控核聚变技术可行性的国际托卡马克实验堆，建成后的ITER托卡马克实验堆将成为世界上第一座反应堆级别的核聚变实验堆，这也是到目前为止我国参与的最大国际科技合作项目。

中国核聚变能源研究的起步几乎与国际同步，从20世纪50年代末就开始了。经过数十年的努力，我国的核聚变能源科学研究水平取得了长足的进展，中国在世界核聚变工程及科学方面的研究已经从最早的跟跑、并跑发展到部分领域的领跑。从20世纪80年代起，我国磁约束核聚变能源研究进入以托卡马克实验为主的阶段。1984年，由中核集团核工业西南物理研究院建造，具有中国完全独立自主产权的中国环流器一号（HL-1）托卡马克核聚变实验装置的建成运行是中国磁约束核聚变进入大规模实验的一个重要里程碑。随后陆续建成的包括中国环流器新一号（HL-1M）、中国环流器二号A（HL-2A）、中国环流器二号M（HL-2M）等在内的中国环流器系列装置，在成功实现中国第一次偏滤器位形托卡马克运行、中国第一次高约束模（H-模）放电上所取得的重大科研成果，使我国在继欧盟、美国和日本之后，站上了核聚变能源研究的这一先进平台，这是中国磁约束核聚变实验研究史上具有里程碑意义的重大进展，它标志着中国的磁约束核聚变科学和等离子体物理实验研究进入了一个接近国际前沿的崭新阶段。

《托起明天的太阳》以青少年群体及对核能发展感兴趣的广大公众为阅读对象，力图通俗易懂、图文并茂地向读者介绍核能作为清洁能源开发的意义与核聚变的基本知识；讲述实现可控核聚变的主要途径、需要解决的主要科学问题和工程问题、目前达到的水平、面临的挑战及世界主要磁约束核聚变实验装置的贡献。该书重点介绍了以中国环流器系列实验装置为代表的中国在磁约束核聚变能源科学研究中取得的进展，为国际核聚变能源科学研究发展做出的贡献；特别介绍了推进中的国际热核聚变实验堆（ITER）计划中的“中国智慧”和“中国贡献”；展望了核聚变能源的开发前景及中国“人造太阳”的研发路线图，同时介绍了在可控核聚变能源研究过程中产生的中间技术和形成的优势技术对人类各个生活领域所产生的巨大影响。本书末尾的几个附录，其目的拟在力图客观、全面、完整地回放国内外磁约束聚变研究及中国环流器系列装置的历程和里程碑事件。

本科普作品通过新颖的表现形式，以多媒体等现代科技手段，配合文字解说，生动形象地演绎书中内容，使读者生动、形象地理解看似深奥的核聚变科学知识，大大增加了可读性和趣味性。本书同时适合初中以上文化程度的青少年学生、普通人群及专业人员阅读。期待本书的问世和发行，能进一步提高公众对核能开发特别是磁约束核聚变能源开发前景的认知，增强公众对安全、环保、绿色核聚变能源开发前景的信心和期待。

本书是由核工业西南物理研究院和中国核学会科普团队的年轻科技人员为主集体创作完成的。本书的创作得到了各相关单位和专家的大力支持，感谢所有为本书的创作、出版付出辛勤劳动和提供宝贵建议的各相关单位及专家、同人。

中国核工业集团有限公司战略与管理咨询委委员
中国核学会核聚变与等离子体物理分会理事长　刘永

2020年12月

目录 contents

第一篇 1 人造太阳：科学家的智慧

第二篇 2 人造太阳：神奇的未来世界

第三篇 3 魅力之光：“人造太阳”离我们多远？

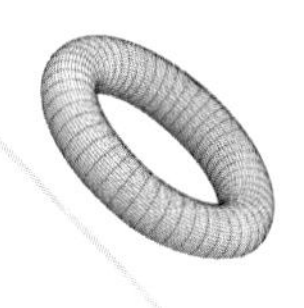

第四篇 4 人造太阳：早期途径的探索

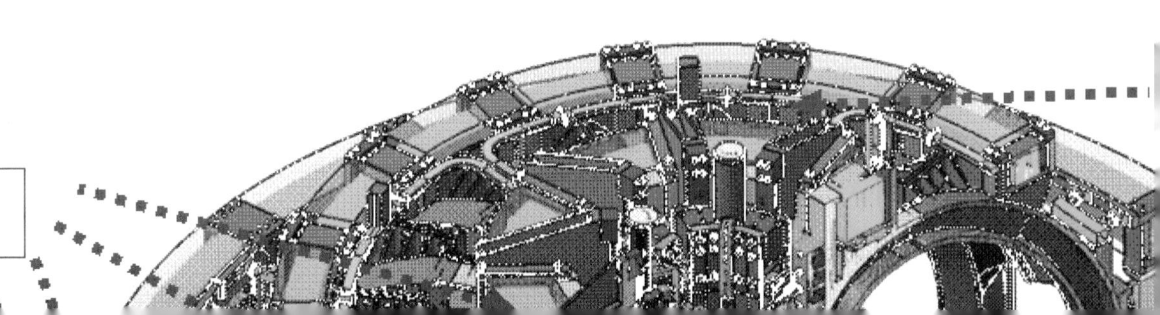

第五篇 5 托卡马克：屡建奇功，独占鳌头

第六篇 6 中国智慧：追梦“人造太阳”

第七篇 7 大国合作：加速“人造太阳”进程

ITER

第八篇 8 必经之路：“人造太阳”还有一关

第九篇 9 托起明天的太阳：希望在中国，造福千万家

“太阳小子”

太阳是地球的能量之源、生命之源，四川是我国第一座“人造太阳”核聚变实验装置的诞生地。《托起明天的太阳》形象宣传大使——太阳小子，那头顶的煜煜光环，源自于成都出土的商周太阳神鸟；身着的白蓝工装，源自核聚变科技工作者的形象。太阳小子的阳光、博学、执着，象征着一代代科技工作者为可控核聚变研究不懈奋斗，为人类带来可持续清洁能源的无限希望。

“人造太阳”
探索21世纪核聚变

科技筑梦

探 索 核 聚 变 奥 妙

THE CHAPTER 1 第一篇

人造太阳：科学家的智慧

夸父逐日、后羿射日，中华民族自古以来就对太阳有着浓厚的兴趣。宇宙中的太阳犹如一座巨大的核聚变反应堆，无时无刻不向外输送着能量。20世纪中叶开始，一代又一代的科学家试图用科学的钥匙，探索核聚变的奥秘，在地球上建造一座像太阳一样的核聚变反应堆，开启解决人类能源问题的大门。现在，太阳小子“核”你一起，走进这个科学家们为之奋斗了半个世纪，还在孜孜追求的探索核聚变能源的神秘世界……

“太阳和核聚变”视频

扫描我，让我们来了解“太阳和核聚变”的原理，以及什么是“人造太阳”吧！

太阳和核聚变

太阳里发生了什么？

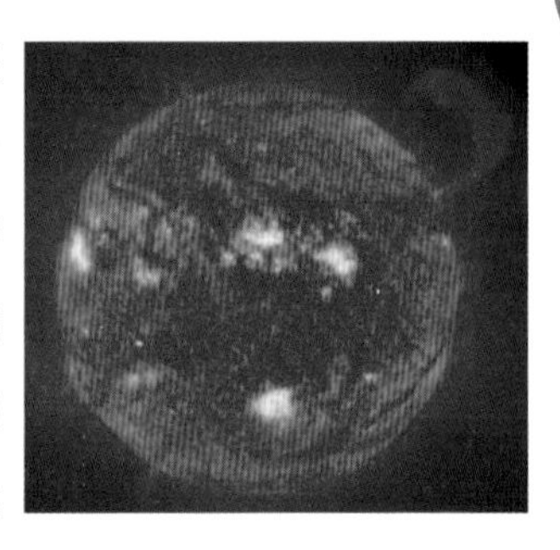

太阳，50亿年来照耀着地球上的河流山川，地球上的万物靠着太阳源源不断的能量维持自身的发展。在太阳的中心，温度高达1500万摄氏度。太阳之所以这样炙热，一切都源于太阳体内永不停息的核聚变反应。在这样的高温高压条件下，在太阳内部，通过氢的两种同位素——氘（D）与氚（T）原子聚合为一个较重的原子，并释放出巨大的能量。核聚变反应是在高温、高密度与高能量约束时间的等离子体中实现的。包括太阳在内的大多数星体释放的能量正是来源于高温氢等离子体中的高能氢核聚合成氦核（α粒子）的核聚变反应。宇宙中的太阳犹如一座巨大的核聚变反应堆，正是这种核聚变反应，在太阳里已持续了约50亿年，无时无刻不向外输送着能量。

延伸阅读：

氘（Deuterium），氢（H）的同位素，也被称为重氢，元素符号一般为D或^2H。氘原子核中有一个质子和一个中子，其相对原子量为普通氢的2倍。氢中有0.02%的氘，在大自然的含量约为一般氢的1/7000。氘用于热核聚变反应，聚变时放出β射线后形成质量数为3的氦，并在化学和生物学的研究工作中做示踪原子。氘可以从海水中提取，所以被称为“未来天然燃料”。

“人造太阳”是造一个太阳吗？

延伸阅读：

氚（Tritium），亦称超重氢，是氢的同位素之一，元素符号为T或^{3}H。它的原子核由一个质子和两个中子组成，并带有放射性，会发生β衰变，其半衰期为12.43年，原子量为3.016 u。氚在自然界中存在极微，一般通过核反应制得，用中子轰击锂可产生氚。

“人造太阳”是利用太阳发光发热产生的核聚变反应原理来产生人类所需的能量，因此，我们形象地把在地球上通过某种手段来实现可控核聚变的装置称为“人造太阳”，并不是人们想象的要制造一个太阳挂到天上。1952年，当第一颗氢弹爆炸成功之后，人类制造核聚变反应成为现实，但那只是不可控制的瞬间爆炸。而可控核聚变能源的研究，是要通过某种特殊的途径，把氢弹爆炸的过程在核聚变反应堆上加以控制，并源源不断地输出核聚变能为我们所用。一旦核聚变能源研究进入商业发电站建设阶段，使核聚变能源应用于核电产业，将从根本上解决人类对能源的需求问题。

在了解什么是核聚变能源之前，让我们先来了解一下核能及地球已知能源……

核能及地球已知能源

天然气、煤炭、石油、天然铀是我们已知的天然化石能源，它们一直是人类最主要的一次性能源。不过，化石能源在地球上的储量是有限的，同时在开采、运输、燃烧的过程中会带来诸如生态和环境污染的问题。

延伸阅读：

谁打开了核聚变的魔盒？

1919年，阿斯顿（F.W.Aston）发现核聚变反应可以释放出能量。几乎在同一时期，科学家欧内斯特·卢瑟福（E.Rutherford）用α粒子复击低核打出质子，首次实现了人工核反应；1929年，阿特金（R.Atkinson）和奥特曼斯（F.Houtemans）从理论上计算了氢原子在几千万摄氏度高温下聚变成氦的可能性，并认为在太阳上进行的可能就是这种核聚变反应。1932年，英国物理学家查德威克发现了中子，使人们对原子核的组成建立了正确的认识，也为人工改变原子核提供了有效手段。1934年，卢瑟福和澳大利亚物理学家马克·奥利芬特、奥地利化学家哈尔特克首次发现了第一个氘-氚核聚变反应。此后，原子核科学的神秘面纱一层层被揭开，人们对原子核物理的研究一步步走向深入。1942年，施莱伯（Scllreiber）和金（King）在美国普渡大学第一次实现了氘-氚核聚变反应。以费米为首的一批科学家在美国建成了世界第一座“人工核反应堆”，实现了可控、自持的铀核裂变链式反应。1945年，在美国世界第一颗原子弹爆炸；1952年，世界第一颗氢弹爆炸。此后，人类开始探索如何将氢弹瞬间爆炸的核聚变反应控制起来，以实现可控核聚变反应能量的利用。

马克·奥利芬特
（1901—2000）

澳大利亚核物理和雷达科学家、慈善家、爵士。博士毕业于剑桥大学卡文迪许实验室，导师为卢瑟福（E. Rutherford，核物理学之父）。奥利芬特实施了世界上第一次人工核聚变实验，他是氚（T）和氦-3（^{3}He）的发现者，并在美国研制核武器的曼哈顿工程中做出了重要贡献。

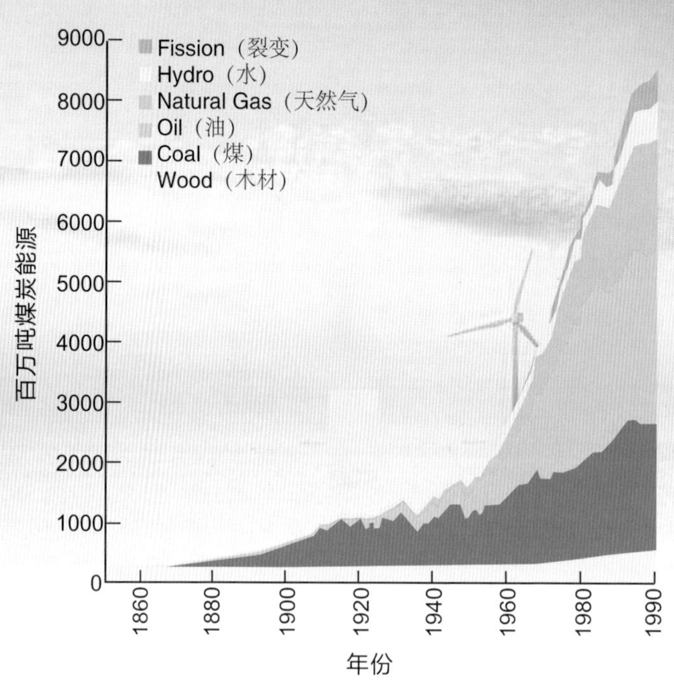

世界能源消耗示意图

中国大陆人口目前已超过14亿，到2050年预期将达到15亿~16亿，中国目前人均能源消耗约为世界人均能源消耗的1/2、为发达国家的1/10、为美国的1/13; 中国人口为美国人口的5 ~ 6 倍。如果中国达到美国目前人均耗能水平，总的能源用量将是现在用量的13倍，相当于美国目前总用量的5~6倍。目前二氧化碳排放量美国居世界第1位，中国居第2位，能源和环境既是世界的问题，又是中国的问题。因此，我们不得不为子孙后代做打算。科学家普遍认为，到了那时候，除了太阳能之外，包括核裂变能和核聚变能在内的核能，将是人类能源的又一重要支柱。

延伸阅读：

欧内斯特·卢瑟福

（1871—1937）

英国著名物理学家，原子核物理学之父。学术界公认他为继法拉第之后最伟大的实验物理学家。卢瑟福首先提出放射性半衰期的概念，证实放射性涉及从一个元素到另一个元素的嬗变。他又将放射性物质按照贯穿能力分为α射线与β射线，并且证实前者就是氦离子。因为“对元素蜕变以及放射化学的研究”，他荣获1908年诺贝尔化学奖。1919年卢瑟福用α粒子做轰击实验，又有了重大发现——用α粒子轰击氮原子核产生质子，同时氮原子核转变成氧原子核，首次实现了人工原子核嬗变。

鲜为人知的秘密研究

核能中，我们已知的核裂变能已经应用于商业核电站的发电，而核聚变能尚在开发之中。可控核聚变是当代人类探索新能源和克服温室气体效应的尖端课题，与人类命运息息相关。由于可控核聚变与氢弹爆炸原理极其相似，一开始就被蒙上了神秘的面纱，早期都是在极端保密的情况下开展研究的。

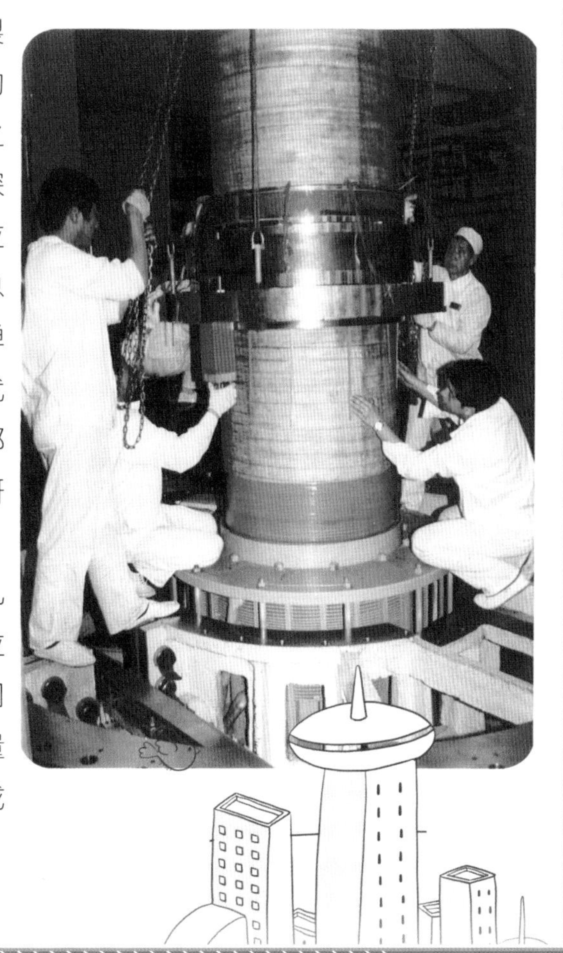

第二次世界大战结束后几年，氢弹的爆炸，证明了氢同位素聚变释放能量的现实性。因为热核聚变等离子体产生大量的高能中子，可将贫铀转变成

延伸阅读：

钱三强

(1913—1992)

核物理学家。原籍浙江湖州，生于浙江绍兴，我国原子能科学事业卓越的开拓者和创始人，中国"两弹一星"元勋，中国科学院院士。钱三强为我国第一颗原子弹和氢弹的研制成功做出了重要贡献。在核物理研究中获多项重要成果，特别是发现重原子核三分裂、四分裂现象并对三分裂机制作了科学的解释。在他的领导下，我国第一座重水反应堆和第一台回旋加速器投入运行。

易裂变燃料，将大大降低核武器的成本。英、美和苏联从各自军事角度考虑，一直在互相保密的情况下，开展可控热核聚变研究。与此同时，我国一些有远见卓识的科学家也一直密切注视着国际上热核聚变研究的进展，考虑在我国开展相应的研究工作。1955年，在酝酿制定我国12年科技规划的时候，钱三强、李正武和胡济民等科学家在中国率先倡导开展"可控热核反应"研究，建议将核聚变研究列入这一规划。次年，在《1956—1967年科

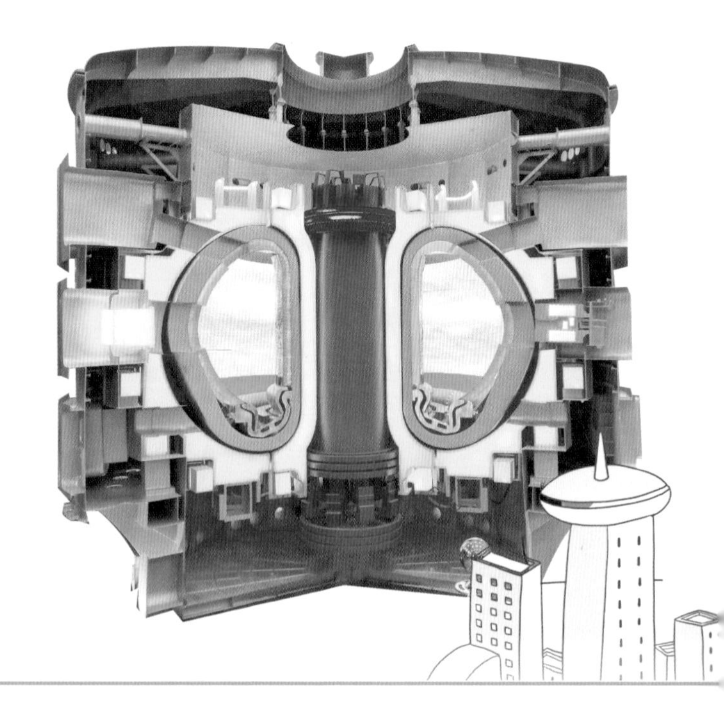

学技术发展远景规划纲要（草案）》中，规定了12项科学研究重点，在第一项“原子能的和平利用”中，明确提出“进行有关热核反应控制的研究”。

李正武
（1916—2013）

中国科学院院士。1938年毕业于清华大学(西南联大)物理系，1946年考取留美公费生，在美国加州理工学院物理系攻读研究生，1951年获博士学位。1955年在周恩来总理的亲切关怀下，李正武突破重重封锁与钱学森夫妇等同船回国，与著名学者钱学森等是第一批回归新中国的科学家。李正武是中国磁约束核聚变奠基人之一，历任中国科学院原子能研究所14室副主任，第二机械工业部585所研究员、副所长、所长、名誉所长，核工业西南物理研究院名誉院长。

胡济民
（1919—1998）

江苏省如皋人，核物理学家，中国科学院院士。胡济民在20世纪50年代中期倡导开展核聚变和等离子体物理的研究，为中国在这一领域做了大量开创性的工作。在重离子核反应机制方面，提出了“准复合核模型”，在原子核裂变、原子核集体运动和宏观模型方面取得了较高水平的研究成果。

代号585，开启中国“人造太阳”梦想

水流丰富的岷江和青衣江蜿蜒流过四川盆地，在盆地南端著名的旅游城市乐山与大渡河汇合，高71米，举世无双的乐山大佛就矗立在三江汇合处的峭壁前，俯视着日夜奔流不息的江水。许多年来，大佛和由大佛引起的关于佛宝的神秘传说吸引着四方游客来到乐山。就在江对面的山麓下，在大佛看得到的一个山坳里，坐落着一所绿树环抱的高校——成都理工大学工程技术学院。碧波荡漾的沫若湖，宽阔的校园马路，一座座保持着原有土黄色的教学楼，一群群匆匆走过的莘莘学子，给人浓厚的大学校园气息。而这里，在20世纪50—70年代，曾经是一所鲜为人知，与大佛一样神秘，秘密从事可控核聚变能源研发的研究所。建所初期，出于保密考虑，研究所对外称西南化工机械研究所，代号：585所，后来的公开名称为核工业西南物理研究院。20世纪50—80年代，中国科学家正是在这里，建造了中国第一座“人造太阳”装置，树立了中国可控核聚变能源发展的里程碑，从此，这个研究所走出山坳，蜚声国内外。

当年的神秘研究所本色依旧，现在已是培养核工业人才的高校

1965年，由于国家战略布局调整和建设“大三线”的要求，国务院国防工办和二机部勘察后决定，中国可控核聚变研究基地定址四川省乐山县（现四川省乐山市）近郊；同年10月，二机部决定将北京中国原子能研究所14室、东北技术物理所（503所）、水利电力科学研究院热工二室合并，在四川乐山成立585所（现核工业西南物理研究院），建设中国可控核聚变专业研究中心。585所由此成为我国最早从事可控核聚变科学研究和能源开发的大型专业基地。

1966年，中国可控核聚变乐山基地的基本建设正式开始。一批批建设者和科研人员放弃大城市的优越生活环境，从北京，从东北，从祖国各地来到这座山坳，白手起家，克服重重困难，越过道道难关，励精图治，创造了中国核聚变能源科学研究的一页页崭新篇章。

当年451实验工程楼建设场景

1969年4月，能量为6万焦耳的角向箍缩核聚变实验装置——角向三号在乐山建成，它是585所建所后在乐山基地建成的第一台核聚变实验装置。

按照当时“小规模多途径探索”的核聚变研究方针，建所初期，585所先后研制了磁约束核聚变的箍缩、仿星器、磁镜和紧凑环等类型的实验装置，其中在国内较有影响的装置有稳态超导磁镜（MM-1）、仿星器“凌云”装置、角向三号箍缩、角向四号箍缩、角环一号箍缩、反场箍缩（SWIP-RFP）等。

1984年9月21日，中国自主设计的第一座人造太阳实验装置、中国核聚变领域第一个大科学工程装置——中国环流器一号（HL-1）在乐山建成，并成功实现放电。研究所终于在世人面前揭开了神秘的面纱，与大佛一起闻名于世，成为中国大型可控热核聚变实验装置即中国人造太阳的摇篮。585所的科学工作者们先后在这里建成并运行HL-1、中国环流器新一号（HL-1M）装

稳态超导磁镜（MM-1）

反场箍缩实验装置（RFP）

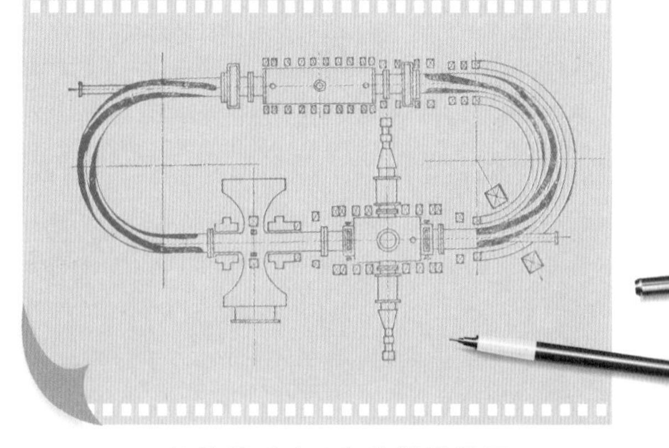
仿星器“凌云”装置设计图

置，取得了一批创新性的核聚变研究成果，实现了我国核聚变研究由原理探索到规模化实验研究的跨越发展。两个装置的建成和运行，也表明我国在独立研制大型复杂电物理装置能力方面有了新的飞跃，装置的研制促进了我国核能工业进步和科技实力增长，标志着我国可控核聚变研究从在小型装置开展的探索性基础等离子体物理研究步入建造中型托卡马克装置并开展大规模物理实验研究的新阶段。同时，为此后更大规模的装置建设，为中国核聚变科学研究跻身世界先进行列奠定了深厚基础。1988年10月，585所更名为核工业西南物理研究院，并于20世纪90年代在成都市近郊新建了核聚变研究实验基地。HL-1实验大楼——451工程楼旧址被改建成中国核聚变博物馆，2019年10月7日，中国核聚变博物馆成为国务院公布的第八批全国重点文物保护单位，让世人永远铭记曾经为中国核聚变事业的发展创造了共和国辉煌的这块土地。

中国第一座“人造太阳”核聚变实验装置——中国环流器一号（HL-1）

THE CHAPTER 2

第二篇

人造太阳：神奇的未来世界

电会成为像阳光、空气一样人人都能免费享受的资源？

地球上会出现飞向茫茫星空、维持上万年飞行的恒星际飞船？

人类会真正步入前所未有的第三级文明时期？

……

太阳小子与你一起穿越时空，

身临其境地感受由核聚变科技构造的奇幻未来世界。

扫描进入
未来“人造太阳”世界

扫描我，一起去神奇的“人造太阳”能源世界看看吧！

不竭能源的梦想

人类社会的发展过程其实是获取能量的过程，它先是对能量获取总量的积累，当能量积累并同时消耗到一定程度之后，便出现了对能量获取方式的变化，从而进一步加大并提速能量的获取。当人类对能量的消耗再次达到新的瓶颈阶段，便要求开发出效率更高且更加持久的能量获取方式以获取更丰富的能量，如此循环上升。而每一次能量获取能力的提速升级都必然伴随着人类生产力的进一步解放，这一切都是因为人类要不断延续自己的生存，并革新自己的生活方式。

人们使用能量的方式日益革新，作为能量载体物质的消耗也在日益加剧。古代的人类能量来源主要是燃烧木材和木炭；到了近代，随着蒸汽机的出现及其大规模应用，人类开始通过开采煤炭、煤油等燃料获取大规模能量来源；再后来，到了现代，随着电磁效应的发现，人们得到了新的动力载体——电能，人类社会进入电气时代，几乎一切可以用来推动发电机磁转子运转发电的能源方式如雨后春笋般蓬勃发展起来，如水力发电、风力发电、潮汐能发电、地热能发电、火力发电、核能发电等。不过，这些能进行大规模发电的能源结构都属于不可再生，能源储量也极其有限。

1964年，一位苏联天文学家——尼古拉·卡尔达舍夫（N. Kardashev）对这种未来有过细致的思考，卡尔达舍夫设计了一种可以用来衡量一种文明的技术先进等级的方法，以一种文明能用于通信交流需要消耗多少能量来划分。也就是说，能用大量能量与外界沟通的文明，才可以算入卡尔达舍夫等级，这种文明等级被分为3种类型。

Ⅰ**型文明：** 掌握文明所在行星及周围卫星能源的总和。

Ⅱ**型文明：** 掌握该文明所在的整个恒星系统（太阳系）的能源。

Ⅲ**型文明：** 掌握该文明所在的恒星系（银河系）里面所有的能源，并为其所用。

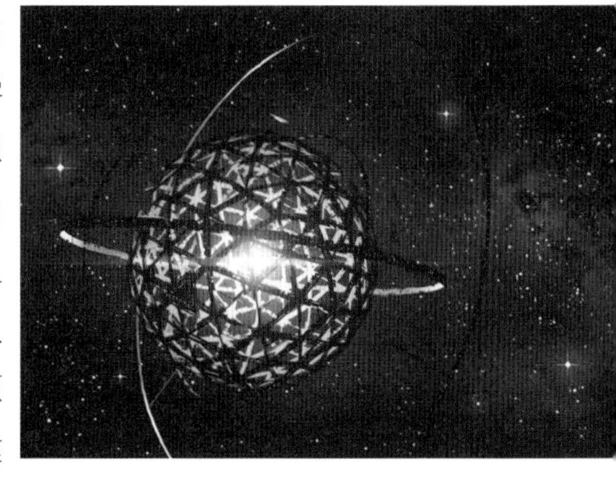

戴森球是卡尔达舍夫等级中的一个著名的设想，它的概念源自美国物理学家兼数学家弗里曼·戴森的思维试验，它是一种设想中的巨型人造结构。这样一个“球体”是由环绕太阳的卫星构成的，完全包围恒星并且获得其绝大多数或全部的能量输出。戴森认为这样的结构是在宇宙中长期存在且是能源需求不断上升的文明的逻辑必然，并且他建议搜寻这样的人造天体结构以便找到外星超级文明。

如此恢宏的文明，对于人类来说还太遥远，但却是指引我们这个幼小文明前进的一座灯塔。经过一代代人的努力，我们必定要学会驱使更多的能量，而现在我们已经走到了第一个里程碑——Ⅰ型文明的面前，那就是“人造太阳”梦想——可控核聚变。

如果我们把可控核聚变所要消耗的成本和时间同它将带来的巨大优势进行权衡，可控核聚变一旦实现，那么一个由被称为不竭能源的核聚变能驱动的世界会是怎样一番美丽又激动人心的景象呢？让我们展开思想的翅膀，放飞想象，幻想一下未来……

“人造太阳”未来世界怎么样?

当你走在大街上，四周的建筑都是闪亮的屏幕，甚至你身边所有的墙壁都能成为触摸屏，毕竟那时的能源成本如此低廉。

想象一下，你正乘坐一辆无人驾驶的汽车以极快的速度穿梭在城市道路中，车内十分安静，没有发动机的轰鸣声，事实上，这辆车几乎只有座舱，你都找不到引擎和粗放原始的管线。因为它已经不再使用化石燃料甚至电池来供能。由于核聚变能源的大规模使用，电能成为一种充沛而廉价的资源，这使得无线充电可以大规模使用，就像今天的手机信号一样。这种在当前看来是太过于奢侈的浪费行为，在那时却是人们都习以为常的状态。汽车通过覆盖整个城市的无线充电系统获取能量，所需的只是简单的线圈结构，这将使得交通工具变得极其简单便捷。同样，你的手机也只是一块随身携带的屏幕而已，电池和芯片电路不再是必需的部件了。

由于能源价格十分低廉，从原材料的获取到加工再到产品的制造，全部环节的成本急剧降低，各类生活资源都会非常廉价。

到那时，每年国内春运或者小长假，出现大规模人员流动的时候，由于电能已经如此廉价，以至于人们想要从北京到乌鲁木齐去摘新疆葡萄，或者从呼和浩特到三亚去海上冲浪，又或者想要上午从中国成都出发当天抵达数千公里之外的法国巴黎去看光彩夺目的埃菲尔铁塔，都仅仅只需要支付一点点用于高铁机车日常维护的费用即可实现。因为依靠可控核聚变能源提供的近乎免费的强大电力所驱动的高铁列车和空中飞车足以载着旅客实现廉价长途旅游，那时候，我们依靠电力驱动的高铁也会由于技术上的强力突破而实现运行速度的极大提升，时速仅仅几百公里的老旧高铁机车头将成为历史而陈列于铁路科学博物馆内，取而代之的将是时速高达数千公里级别的超高速铁路列车，它的安全性能也将获得极大提高，因为列车运行时，轨道的周围都会处于低真空环境中，而制造这种低真空环境的管道将极大地减小列车运行中所受到的空气阻力，同时周围环境中的危险因素也将得到控制（如野生动物经过铁轨），而要维持

如此长距离管道的真空状态对电能的消耗也是巨大的，但也近乎免费，毕竟那时候电能和电力设施多得如空气般随处都是。那时候的超高速列车已经不再像今天的列车一样被厚重的金属外壳包裹住，取而代之的将是一些全新开发的可以依靠电能运作的材料，车身的四周将是各种电力化的触摸屏或者显示屏，人们在客舱内只需要动动手指就可以在自己周围任意一个车身屏幕上点播电影或者音乐，还可以玩自己想玩的任何游戏，整个车身也是全域布满了无线充电设施，所到之处，你都不用担心手持移动设备会没有电。那时候，你都无法在车上找到一个充电插孔，甚至你的后辈们都只能在历史书上看到这些稀奇古怪如古董般的电力输出端了。如果你愿意，你甚至可以将整个车身变成透明的屏幕，就像穿上了隐身衣，因为整组列车都可以作为触控显示屏，使用了早已经成熟的全景投影技术，实现车身内外与周围环境同化。那时的你，坐在列车车厢内随处可见的舒适的按摩椅上，一只手端着机器人乘务员送来的刚刚煮好的一杯暖茶，另一只

太阳小子坐在列车车厢内随处可见的舒适的按摩椅上，一只手端着机器人乘务员送来的刚刚煮好的一杯暖茶，另一只手触控着前排按摩椅背上拉下来的薄如打印纸的柔性显示屏，选择自己喜爱的内容，时而抬头看看湛蓝的天空，时而望向辽远的大漠、戈壁、草原……

手触控着前排按摩椅背上拉下来的薄如打印纸的柔性显示屏，选择自己喜爱的内容，时而抬头看看湛蓝的天空，时而望向辽远的大漠、戈壁、草原……当你在车上刚刚打了个盹，伸了个懒腰，就会发现像穿越时空一样，此时远处有一群奔涌的烈马正在追赶你的身影。是的，你甚至可以感觉到自己是在低空飞行，时而掠过草原，时而飞越沙漠戈壁，时而穿越幽深的隧洞，时而如水鸟般划过湖泊水面。而这一切在我们当下还看似奇幻美妙的景象，在那个电能如此廉价、无线电力技术如此普及、超远距离电力供应如此普通的时代里都已经是再平常不过的事情了。

那时的城市规模将会空前巨大，因为城市生活十分便捷而便宜，巨型建筑鳞次栉比，但即使人口规模比现在大出很多，交通也不会特别拥堵，因为智能化的交通管理和更高级的道路条件将使得城市更易于居住。每座城市都会建立自己的城市轨道交通网络，而使用的将不再是花巨资建设固定封闭环境的地铁技术，取而代之的将是不再昂贵甚至已经免费的磁悬浮列车，它将更环保、更安全、更高效、更便利，也会比现在的地铁更便宜，毕竟电能如空气般被无限量供应，用电设施在城市的各个角落已经可以无缝衔接。当你走在大街上，四周的建筑都是闪亮的屏幕，甚至你身边所有的墙壁都能成为触摸屏，毕竟成本如此低廉，比现在的广告牌便宜太多了。

城市的给排水系统已经是那样的先进，由于是电力那样的普及和便利，依靠自来水厂的水质净化设施已经不复存在，人们脚踏的每一寸地板、建筑物所用的每一块材料、无人驾驶汽车所经过的每一条道路的路面，都已经内置了依靠电力驱动的水质净化循环系统，落到路面、墙面、地板上的任何一滴液体，都会通过这些材料渗透进入内部经过一道道循环净化加工后通过层层渗透净化汇集到地下的纯净水输运系统。你可以想象到那时候，地下污水管道系统将被彻底改造，由于建筑材料都内置了依靠免费电能运行的智能净化系统，地面将不再有灰尘，墙面都异常清洁，那时候所有城市都将成为地球上最干净的地方，在城市里面生活的人们也将不再出现卫生原因导致的疾病，人类平均寿命也会因此被大幅延长，那时当一个人满100岁时，或许才可以说刚刚步入中年，到处可见的四世同堂将成为最小的家庭单位。由于建筑材料自净化系统已经普遍成熟，而地下水都已经被净化得如此干净，随着人口数量的大量扩增，人类的住所除了向高空拓展，也可以向地下延伸了。那时候，人类已经可以生活在地下，因为电力的普及，已经可以让地下的城市也实现灯火通明并控制自如。在地下城市里生活的人们也不必担心空气不足会导致缺氧，因为依靠电力驱动的强大的空气净化系统和地表送风系统会不间断地将清洁的空气送入地

下城市里的每一个角落。

那时，城市里的空气空前的好，甚至灰尘都特别少，因为巨大的建筑不再使用砖瓦材料，城市里再难以找到化石燃料。曾经的空气污染成为像钻木取火般只能在史书上出现的悠久景象。如果你驾车离开城市，或许会发现，眼前出现的是茂密的草原或森林，而不是亩亩良田。因为那时的室内作物种植成为主流。廉价的电能使作物在室内就能进行大规模光合作用，而室内种植的效率远高于传统农田种植，所以传统农田被大范围替代。用土壤种植的蔬菜在那时会成为奢侈品，但也不会比现在的价值更高。游走在那个未来世界才能真正体会到人与自然的和谐相处，因为宽裕的能源使垃圾资源的大规模回收利用成为现实。其实以当前的技术也可以实现垃圾回收利用，但其中需要的巨大成本使得这些技术并不具有商业价值，但未来这些成本将急剧降低，这使类似的技术可以走进我们的生活。重复利用的垃圾成为重要的生产原料之一，人们对矿藏的需求暂时减缓。人们更多见到的是在海水里的氘提取设备，而不是灰尘漫天的黑色矿井。植物和动物可以慢慢重新占领那些已经被人类遗弃的矿坑，曾经看起来像地球伤疤一样的地方会逐渐变成一个个鲜活的世界。我们不再面临温室效应，因为可以人工将大气中的温室气体“固化”下来，海平面不再上升，极端气候现象减少，每个人都能因此受益。

由于人口数量的大量增长，人类已经不满足于在狭小的地球空间里生息繁衍，他们将生存的目标指向太空。那时候的核聚变能源科学技术已经十分多样化，核聚变能源设备既可以做得十分小巧轻便，也可以做得很庞大，为宇宙飞船甚至太空城市提供用之不尽的电力和驱动能。科学家们只需花费几个月时间就可以依托悬浮在太空中的核聚变能源核心装置建立一座规模庞大的足以容纳数亿人口的太空城市，数以亿计的人口居住在这座距离地球不远的，围绕在地球与火星绕日轨道之间的一条轨道上，围绕着太阳这颗恒星公转，而数十年后，就在这条轨道上，以及相邻的甚至高于火星的其他高度的绕日轨道上都密密麻麻、星星点点地布满了无数座由核聚变能源核心装置维系生命繁衍生息的太空城市群。这些太空城市群布满了整个太阳系，已经包裹着太阳这颗恒星了。那时的人类就会回忆一下，这是不是就像数百年前的先驱科学家弗里曼·戴森所说的“戴森球”概念呢？只不过那时的人类对这一概念已经太熟悉了。于是，人类就已经达到了卡尔达舍夫所预言的人类社会的Ⅰ型文明，并已经进入了Ⅱ型文明阶段，此时对于人类来说，“国家”这一概念已经渐渐消亡，取而代之的将是全人类大协作共同进步的维系人类物种命运延续的共同体。

到那时，人类或许已经开发出另一种全新的更高效、更强劲的核聚变动力能源飞船，我们不妨想象一下。那时候的人类如果想要去银河系内的任意一颗恒星周围，将只需要一眨眼的工夫。那时人类就将真正进入卡尔达舍夫预言的Ⅲ型文明阶段。当他们回望太阳系，找到地球的坐标时，或许只记得那里曾经诞生过人类的早期文明，就像今天的我们只能在古人类居住过的山洞岩画遗址上探究和缅怀那些古老先祖留下的痕迹一样。

或许，数万亿年后的某一天，人类科学家们终于不再满足于渺小的银河系文明，那时候他们将会像曾经地球上的远古祖先一样，踏上“大宇航

到那时，人类或许已经开发出另一种全新的更高效、更强劲的核聚变动力能源飞船，我们不妨想象一下。那时候的人类如果想要去银河系内的任意一颗恒星周围，将只需要一眨眼的工夫。

时代”的征程，去探索外星的星球了。到了那时，人类或将进入卡尔达舍夫还没有预言过的下一类型的人类文明阶段——Ⅳ型文明阶段……

而今天的我们不是没有为他们留下些什么，他们体内还有我们及我们祖先基因的延续，人类文明将是一脉相承的，永不间断，生生不息。

回顾人类文明的发展历程可以发现，科学和艺术巨大的飞跃往往发生在物质充裕的时期，这说得通，因为在物质需求得到满足之后，人们才有更多的精力去探索精神需求。而那时就是一个物质极度丰富的年代。从手工业和传统农业中解放出来的人们可以追求更抽象的人生价值，那时的科学和艺术将呈现爆炸式的发展。那时人们的追求和生活目标与现在相比将有很大差别，那时的社会关系也将会有巨大不同，他们思考问题的方式在我们现在看来可能难以理解，人性的解放让社会更加自由舒适。这样的世界显然已经与人类世界19世纪的两位先哲——马克思和恩格斯所预言的，代表着人类高级生存文明状态的共产主义社会是充分契合的。到那时，当我们感叹他们真知灼见的旷世预言，也一定会感激过去、现在和将来全世界的核聚变科学家们前赴后继为人类获取这种不竭能源所付出的不竭努力和奉献。

THE CHAPTER

第三篇 3

魅力之光：“人造太阳”离我们多远？

核能为什么能成为新型清洁能源？

核裂变和核聚变有什么不同？

原子弹、氢弹、核电站之间有什么关系？

可控核聚变的实现需要什么条件？

……

这些核能知识点，你都“get”了吗？

核能的魅力在哪里？核裂变与核聚变有什么不一样？扫描我，太阳小子跟你说说吧！

核能的魅力

太阳能、风能作为可再生的新型清洁能源，它们要受时间、气候、地域等因素的限制，相对于现代社会对电力的巨大需求来说，只能解决局部问题。人类最期待的新型清洁能源应该是无废气、无扬尘、无温室气体排放和可再生的。随着人们对核裂变和核聚变反应释能过程认识的深化，另一扇新型清洁能源——核能的大门被开启。

核能目前被认为是未来最理想的能源，已成为人类使用的重要能源之一。核电是电力工业的重要组成部分。核电不向大气排放污染物，在国际社会越来越重视温室气体排放、气候变暖的形势下，积极推进核电建设，对于满足经济和社会发展不断增长的能源需求，保障能源供应与安全，保护环境，实现电力工业结构优化和可持续发展，提升国家的综合经济实力、工业技术水平，都具有重要意义。

根据国际原子能机构（IAEA）统计，截至2019年6月底，全球共有在运核电机组449台，分布在30个国家，核电装机容量近4亿千瓦；在建核电机组54台，装机容量约为5500万千瓦。2018年全球核发电量超过2500亿千瓦时，占全球电力供应的10.5%。核电在法国、韩国总电量的占比分别高达75%和24%，在俄罗斯、美国的占比分别达到了18%、19%。中国作为世界上的能源消耗大国，截至2019年6月30日，我国大陆运行的核电机组共47台，装机容量4873万千瓦；在建机组11台，装机容量约1134万千瓦，多年来保持全球首位。

核发电

与燃煤发电相比

相当于

减少燃烧标准煤 8824.54万吨

减少排放二氧化碳 23 120.29万吨

减少排放二氧化硫 75.01万吨

减少排放氮氧化物 65.30万吨

2018年我国全年核发电量为2865.11亿千瓦时，约占全国累计发电量的4.22%

爱因斯坦质能转换公式

核能究竟是何方神圣，发挥着如此重要的作用？核反应，是指原子核与原子核或者原子核与各种粒子之间的相互作用引起的各种变化，在核反应过程中会产生不同于发生反应前的新的原子核或粒子种类，因此，核反应也是生产各种不稳定原子核的根本途径。伟大的科学家爱因斯坦提出的质能转换公式$E=mc^2$揭示了核反应过程。这里，E代表释放能量，以焦耳为单位；m代表亏损质量，以克为单位；c代表光速，为每秒3×10^{10}厘米。根据该公式，一个铀-235核受一个中子轰击，分裂成两块碎片X_1和X_2（如X_1为^{93}Nb，X_2为^{140}Ce），并放出2～3个中子（平均2.5个），释放出约200兆电子伏能量（200 MeV）。极小的质量转化成极大的能量。

$E = mc^2$

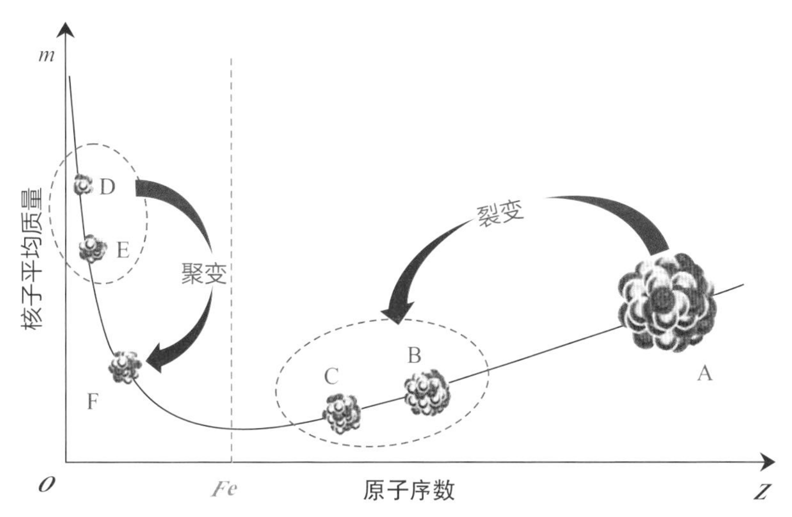

核子质量亏损与序数之间的关系

核能的独特优势

与传统能源相比，核能除了无废气、无扬尘、无温室气体排放等优势外，还具有两个独特优势：

●原子核蕴藏着惊人的能量。1千克铀-235发生核反应释放的热量是1米^{3}天然气的200万倍，是1千克标准煤的270万倍，是1升重油的198万倍。

●核燃料取之不尽，用之不竭。核反应分为核裂变反应和核聚变反应。核裂变反应的燃料有铀和钚，天然铀储藏在地壳的岩石中，地球上铀资源的储量超过1500万吨。核聚变消耗的燃料资源有氘、氚、锂、氦-3等，氘在自然界的储量达到45万亿吨，锂在自然界的储量约为2000亿吨。

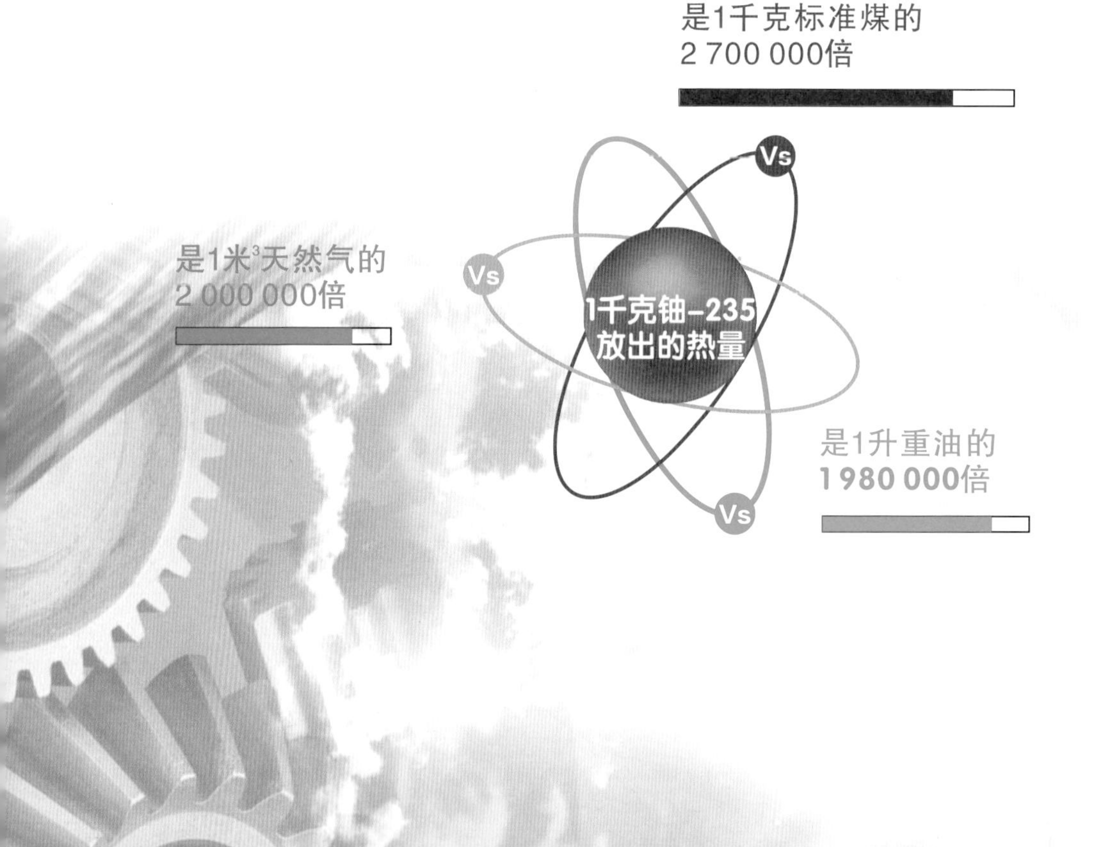

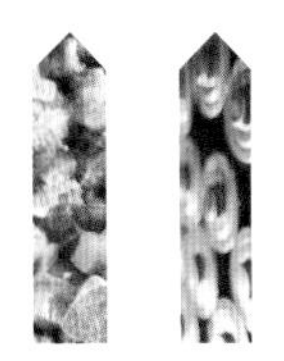

易发生核裂变反应的核燃料有铀和钚

易发生核聚变反应的核燃料有氘、氚、锂、氦-3等

核聚变燃料	核裂变燃料
氘在自然界的储量约为**45**万亿吨	陆地上地壳中所含的铀总量达到**6800**万亿吨
锂在自然界的储量约为**2000**亿吨	但是目前世界探明的可利用的铀储量不足**1000**万吨

核裂变，从原子弹到核电站

核裂变又称为核分裂，是指一个质量较重的原子核通过核反应过程分裂为两个或两个以上中等质量原子核的过程。但不是所有的原子核都能发生核裂变反应，只有因为质量过大而不稳定的原子核才会发生裂变。核裂变分为自发裂变和诱发裂变，顾名思义，自发裂变是指原子核非常不稳定，能够自发裂变成两个更稳定的中等质量原子核；诱发裂变需要人为提供一些能量或者刺激，激发不稳定的原子核变得更不稳定从而发生裂变。人类要想很好地控制核裂变，就需要利用诱发产生裂变，即对核燃料进行“点火”。那利用什么来“点火”呢？答案是“中子”，因为中子不带电，比带电粒子更容易进入原子核干扰原子核的稳定，从而诱发原子核发生裂变。根据裂变反应释放的能量是否能加以控制来供人类使用，核裂变又分为非可控核裂变与可控核裂变。

原子弹就是利用了非可控核裂变反应，瞬间释放出巨大能量，从而造成大规模杀伤。当中子撞击铀-235原子核时，一个原子核会裂变并释放出2～3个中子，这些中子又会引起另外两个原子核裂变，并释放出新的中子，接着这些中子又引起周围原子核裂变，释放出更多的中子……就这

裂变：点火产生热量

一根蜡烛，如果想让它发出光和热，就必须为它“点火”，而为原子核点火的就是“中子”，科学家控制中子去轰击原子核，被轰击的原子核会分裂成更小的原子核并产生新的中子，新的中子再去轰击原子核，在这一过程中释放出能量。我们称它为核裂变。

核裂变

已有的核电站都是利用核裂变反应来进行发电的

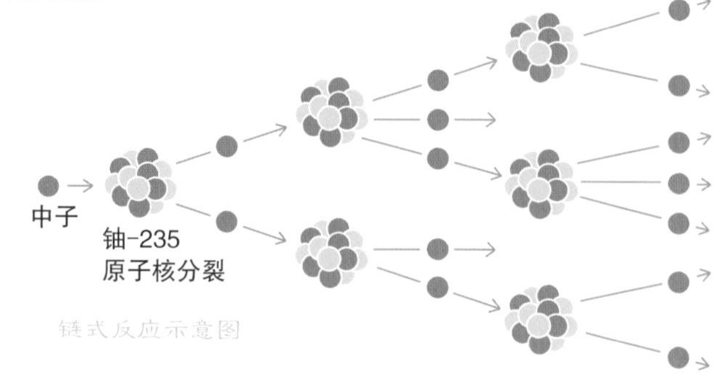

链式反应示意图

样，越来越多的中子被释放出来并引起越来越多的原子核裂变反应，这个过程就像滚雪球或推倒多米诺骨牌一样，人们称这个过程为"链式反应"。如果这种反应不加以人工控制，链式反应的规模就会越来越大，最终会因失去控制而发生核爆炸，同时释放出巨大能量，原子弹爆炸就是利用了核裂变链式反应原理。

原子弹爆炸图

可控核裂变的典型代表就是核电站，核电站是人类在地球上通过人工控制，实现大规模利用核裂变能的途径之一。原子弹爆炸是由大规模的链式反应引起的，人类想要利用裂变能，绝对不允许中子的增长速度脱离控制，必须通过控制棒对中子增长的速度加以控制，控制棒的作用就是吸收裂变反应产生的部分中子，通过控制棒调节中子的数量和核裂变反应的速度，从而使人类能够将核裂变能转化并加以利用。

1942年12月，世界上首座核反应堆在美国芝加哥大学建成，可控的链式裂变反应得到了验证。核电站中的核反应堆内发生的就是可控的链式裂变反应，裂变过程释放出的能量是煤完全燃烧释放能量的数百万倍。核能发电是利用核反应堆中核裂变所释放出的热能进行发电的方式。它与火力发电极其相似。只是以核反应堆及蒸汽发生器来代替火力发电的锅炉，以核裂变能代替矿物燃料的化学能。除沸水堆外，其他类型的动力堆都是一回路的冷却剂通过堆芯加热，在蒸汽发生器中将热量传给二回路或三回路的水，然后形成蒸汽推动汽轮发电机。沸水堆则是一回路的冷却剂通过堆芯加热变成70个大气压左右的饱和蒸汽，经汽水分离并干燥后直接推动汽轮发电机，发电输出并入电网。核电在电力生产过程中几乎不排放污染物。核电站在运行过程中只产生少量的放射性废物，并按照国家法规予以严格控制，不会对环境造成明显影响，不产生温室气体等其他污染物。与火电相比，1台百万千瓦核电机组每年可减少排放二氧化碳600万吨、二氧化硫2.6万吨、氮氧化物1.4万吨，清洁优势明显。若考虑到建造及燃料循环的环节，核电会产生少量的排放物，从全寿期来看，温室气体的排放量与风电相当，远低于煤电等化石燃料电厂。1座核电厂全寿期的常规废物排放量，只相当于同等规模火电厂的0.5%~4.0%。核电是一种高效能源。1千克铀-235全部裂变，能够释放出相当于2700吨标准煤完全燃烧放出的能量。

从20世纪50年代开始，许多国家开始建造以核裂变反应堆为基础的核电站。目前全世界投入运行的核电站已超过449座，还有许多正在建造之中。

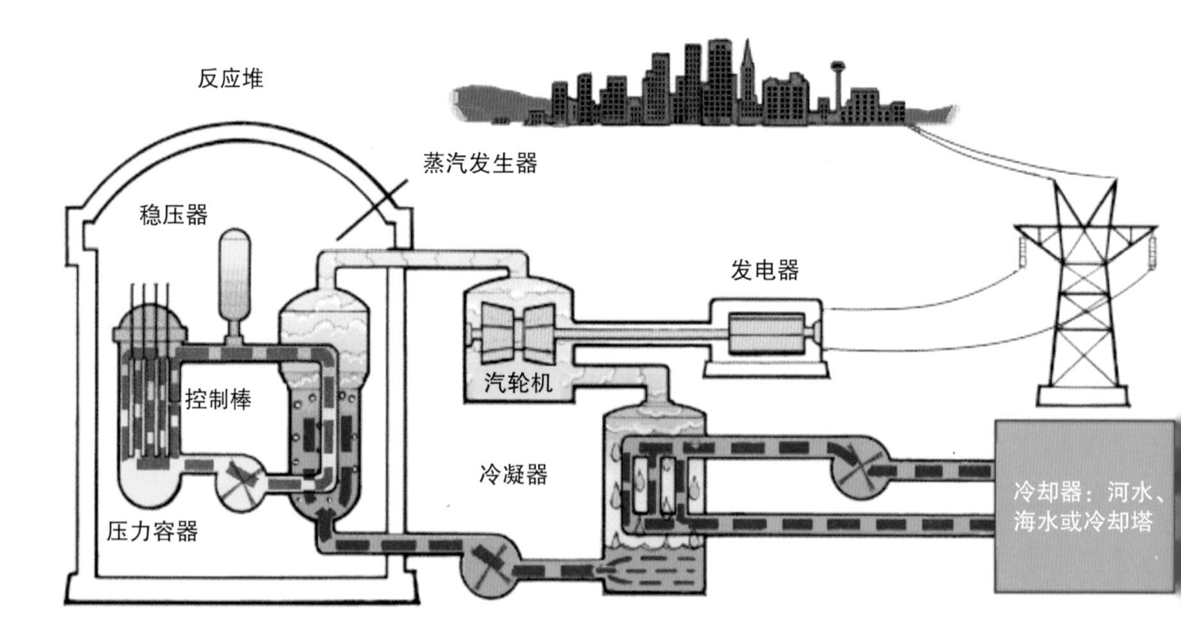

核裂变电站原理图

核聚变，从氢弹到"人造太阳"

延伸阅读：

核聚变反应，是指质量较轻的原子核在超高温条件下聚合成较重原子核并释放出巨大能量的过程。核聚变反应不释放温室气体，不产生长寿期放射性核素，不需要对核废料进行特殊处理，因此基本上是不污染环境的清洁能源。由于氢原子核之间的静电排斥力最小，首选的核聚变燃料为氢同位素氘和氚，氘-氚核聚变反应截面较大，且发生核聚变反应的条件也不太苛刻。一次氘-氚核聚变反应生成一个氦原子核（又称α粒子）和一个中子，同时释放巨大能量，释放的能量可用来维持核反应所需要的温度条件。根据核聚变反应释能过程是否可控，核聚变反应又分为非可控核聚变和可控核聚变。

太阳每时每刻都在发生着大规模核聚变反应，对外辐射光和热，滋润着地球万物生长。太阳为何能日复一日、源源不断地释放出如此巨大的能量呢？科学家们曾经为此苦苦探索。根据能量守恒定律，在太阳内部一定存在一个能量源，其产生的能量总量等于太阳外表辐射的能量总量。直到20世纪20年代末，物理学家提出了"核聚变"这一概念。量子力学的建立使人类完整地认识了太阳和恒星的辐射能量是由核聚变产生这

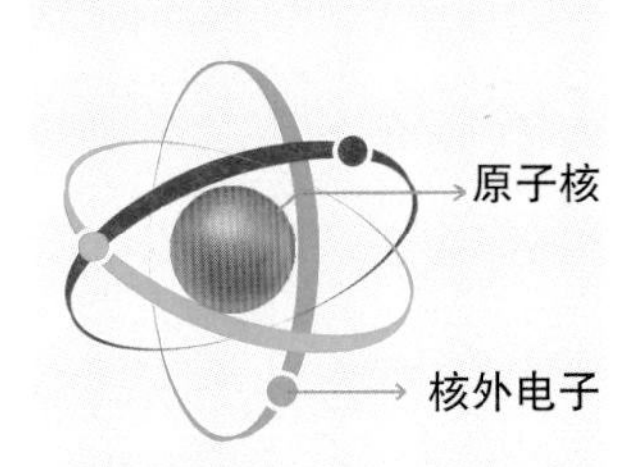

原子：由原子核和核外电子组成，50万个原子排列起来相当于一根头发的直径，原子核是原子的核心部分，直径不及原子直径的万分之一，如果把原子比作一座宫殿，原子核只有黄豆大小。要将两个如此渺小的原子核聚合在一起，首先单位体积内要有足够多的原子核，其次必须克服原子核之间巨大的静电排斥力，如果没有足够的能量或特殊环境去击破排斥力的临界点，就无法实现原子核的融合，这也是核聚变研究面临的巨大挑战之一。

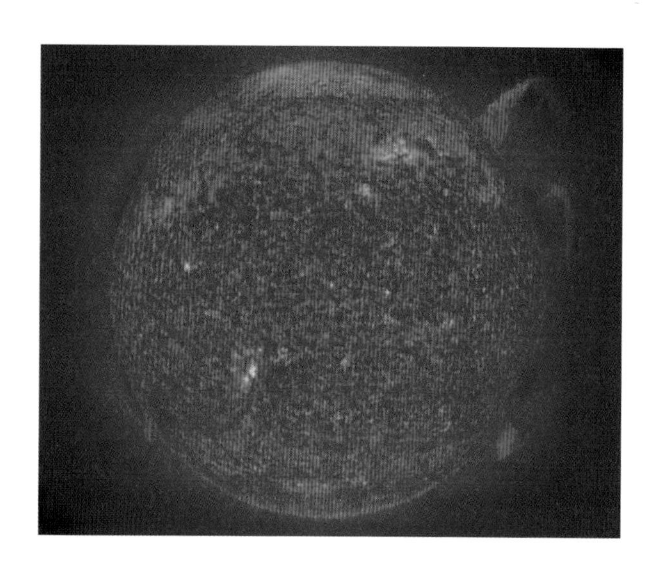

一推论，太阳发光发热、维持能量输出的原理终于为人们所知晓。在太阳中心，温度高达1500万摄氏度，气压达到3000多亿个大气压，在这样的高温高压条件下，氢原子核聚变成氦原子核，并释放出大量能量。核聚变，不仅是太阳的能量来源，也是整个宇宙运转的能量来源。

氢弹，利用了核聚变反应原理，其能量是在瞬间一次性爆发，无法加以利用，只能作为武器来产生巨大的破坏力，因此，氢弹爆炸也属于非可控核聚变反应。1952年，当第一颗氢弹爆炸之后，人类利用核聚变原理发展武器成为现实。核聚变反应需要极端高温环境，氢弹又是依靠什么产生超高温环境呢？答案就是“原子弹”，原子弹爆炸会产生超高温高压环境，从而诱发大规模核聚变反应，瞬间释放出巨大能量造成大规模杀伤。

延伸阅读：

氢弹：又称热核武器，属于核武器的一种。主要利用氢同位素（氘、氚）的核聚变反应所释放的能量来进行杀伤破坏，属于威力强大的大规模杀伤性武器。氢弹依靠原子弹引爆，是人类在地球上实现的大规模不可控的核聚变反应。可控情况下释放核聚变反应的能量，称为可控热核聚变。

氘–氚核聚变反应：氘+氚→n（14.06兆电子伏）+^{4}He（3.52兆电子伏）

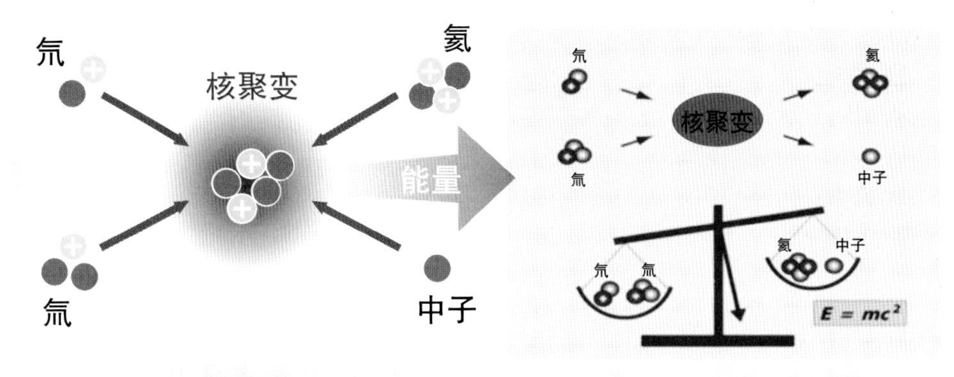

氢的同位素：氘和氚（D–T）的核聚变反应最容易实现

核聚变反应原理

延伸阅读：

核聚变与核裂变的区别：

原子核中蕴藏着巨大的能量。根据质能转换公式$E=mc^2$，原子核之静质量变化（质量亏损）造成能量的释放。如果是由重的原子核变化为轻的原子核，称为核裂变，如原子弹爆炸；如果是由较轻的原子核变化为较重的原子核，称为核聚变，如恒星持续发光发热的能量来源。

氢弹模拟太阳的核聚变反应爆炸所产生的巨大能量，让人类有了将其控制起来，从而造福人类的梦想，这一梦想被形象地称为在地球上再造“人造太阳”。

核聚变，人类的终极能源？

产物：环境友好，高效清洁

延伸阅读：

核聚变堆的安全保障： 实现氘-氚核聚变反应需要极端的高温高压环境，温度值高达1亿摄氏度以上。燃烧等离子体一旦形成，任何运行故障（如温度、压强）都能使燃烧的等离子体迅速冷却，从而使核聚变反应在短时间内自动停止。

核电站尽管是和平利用核裂变能的成功范例，但是核安全性和长寿命高放射性废物处理仍然是人们所担心的问题。2011年3月11日，日本东北地区9级特大地震所致海啸引发的福岛核电危机，引起了公众对核裂变电站潜在威胁的担忧，更多的民众要求未来的核能开发技术必须证明是没有放射性污染威胁和不会因失控而发生连锁反应导致设备融化的。核聚变能满足人们对于核能的这种希望，核聚变能源具有“环境友好性”。以氘-氚为燃料的核聚变能发电，虽然氚具有放射性，但它的半衰期非常短，而且氘-氚核聚变反应的产物是氦，没有长寿命的强放射性核废料，其少量的低放射性活化产物经过简单的堆放处置，便可很快失去放射性。可以说氢同位素核聚变反应是一种高效清洁的能源。

原料：无处不在，用之不竭

核裂变电站所使用的天然铀-235资源非常有限，全世界已探明可利用的储量已不足1000万吨。如果发展快中子增殖堆（简称“快堆”），把铀-238转变为可裂变材料钚-239，还可以使用几百年。所以，在当前急迫寻找新的化石能源替代能源的情况下，核裂变能仍然是不可或缺的过渡。

核裂变电站所使用的铀-235资源储量有限的事实，使得核聚变能具有强烈的资源“对比优势”，核聚变能将最终成为人类的终极核能源。核聚变反应的燃料是轻核，比核裂变能源资源更加丰富。核聚变消耗的资源是氘、氚、氦-3和锂，其中氘广泛分布在海水中，海水提氘的技术成熟且成本低廉。氚虽然不能以游离态方式存在于自然界，但可以通过锂和核聚变反应产生的中子反应获得。如果“人造太阳”的愿望成真，那么我们从1升海水中提取30毫克氘，通过核聚变反应可以释放出相当于300升汽油这么大的能量。占地球表面积70%的海洋中含有的氘燃料，足够人类使用上百亿年，这就比太阳的寿命还要长了。即使氘-氚核聚变也受制于锂的储量，但以氘-氚为燃料的核聚变能源仍然可供人类使用3000万年！

反应：能量惊人，燃耗超低

核聚变反应蕴藏着惊人的能量。一座100万千瓦的火电站，每年消耗煤炭约210万吨；一座100万千瓦的核电站，每年消耗浓缩铀约30吨；而一座100万千瓦的核聚变电站，每年仅消耗燃料约0.12吨。

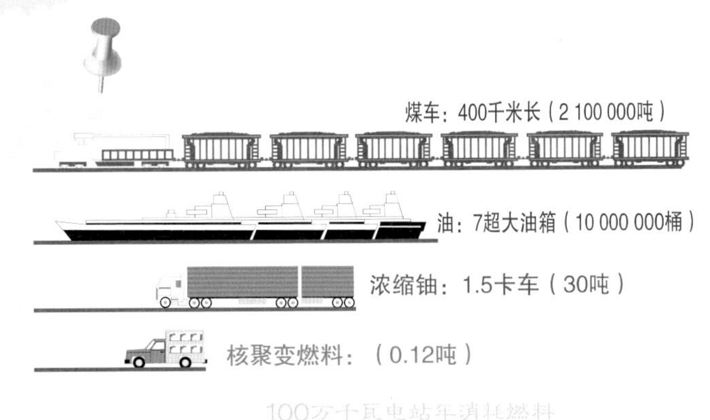

100万千瓦电站年消耗燃料

实现核聚变的条件有哪些？

人类要想利用核聚变的能量，绝对不可能像氢弹爆炸那样使用原子弹做引信，而必须通过人工方式产生超高温和超高压环境，并通过特殊控制手段维持这种特殊环境，才能将核聚变反应释放的能量加以利用。

可控核聚变将彻底解决能源问题，然而要利用可控核聚变技术发电，用核聚变能点亮万家灯火却也绝非易事，实现可控核聚变的条件极其苛刻。

上亿摄氏度高温

要想使两个原子核发生核聚变反应，必须使它们彼此充分接近，这意味着参与核聚变反应的原子核必须维持较高密度，因为密度越稀薄原子核之间发生碰撞或相遇的机会就越少。同时，由于原子核都带正电荷，距离越近，静电斥力越大，它像一座高山将两个轻核隔开。据测算，要使两个氘原子核相遇，它们的相对速度必须大于每秒1000千米，意味着

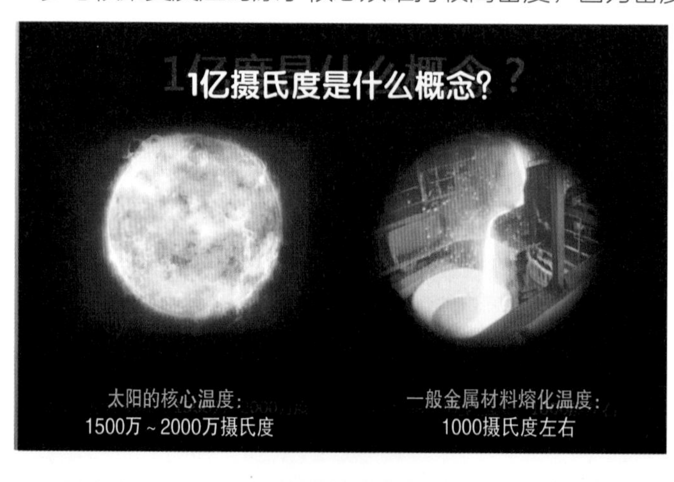

氘-氘核聚变反应温度必须达到1亿摄氏度以上，即便是最容易实现的氘-氚核聚变反应，温度也要1亿摄氏度量级。在这样高的温度下，气体原子中带负电的电子和带正电的原子核已完全脱开，各自独立运动。这种完全由自由的带电粒子构成的高温气体被称为“等离子体”。因此，实现“可控热核聚变”首先需要解决的问题是用什么方法加热气体，使得等离子体温度能上升到百万摄氏度、千万摄氏度、上亿摄氏度。怎么把它加热到上亿摄氏度，是研究中碰到的第一个难题。

延伸阅读：

太阳核心温度仅有1500万～2000万摄氏度就能实现核聚变，为什么人造太阳要在1亿摄氏度以上高温环境才能实现核聚变？太阳发光发热是依靠惯性约束产生的核聚变能，虽然核心温度不高，但核心压力却高达340亿个大气压，因此太阳只需要相对低的温度就能维持聚变反应。核聚变实验装置的等离子体非常稀薄，无法制造如此之高的压力环境，只能退而求其次提高温度，但最低也需要5000万～1亿摄氏度。

充分的反应

要实现核聚变发电，必须将高温等离子体维持足够长的时间，以便持续和充分发生核聚变反应，使核聚变反应释放的能量大于加热和损失的能量，这样就可以利用核聚变反应释放出的能量维持所需的极高温度，无须再从外界吸收能量，核聚变反应就能维持下去，此时意味着这只“烧”聚变燃料的特殊“炉子”被点着了。表征这个概念的科学术语叫作“核聚变点火”，就好像用煤气火炬点燃煤炉或户外烤炉，煤气火炬提供外部加热，直到将煤加热到足够高的温度使之自持燃烧。可是约束等离子体的时间越长，技术上越难于实现。如何把1亿摄氏度的高温等离子体长时间约束起来，让它能够充分反应，这是核聚变研究最困难的问题之一。因此，约束问题是可控核聚变研究中要解决的第二个难题，也是更为棘手的难题。

长时间维持

为了使高温等离子体中核聚变反应能够持续进行，必须长时间地维持上亿摄氏度的高温和高密度的核反应条件。物理学上用“温度”表征粒子（包括原子核）的平均动能，而“温度与密度的乘积”则代表能量的密度，除了辐射损失外，等离子体中损失的能量主要流向温度较低的边沿区域且不能够回收利用（在物理学上称为“能量输运”）。科学家们用“能量约束时间”来描述等离子体中能量损失的快慢（能量约束时间越长，能量损失越慢），人们采用各种手段，通过不懈的努力，力图获得更长的能量约束时间，以最大限度地减少等离子体中的能量损失，这也是可控核聚变研究需要解决的突出问题之一。可是约束等离子体的时间越长，技术上就越难于实现。约束高温等离子体不能像对待一般的气体或液体那样将它们简单地装在容器中，因为它们的温度特别高，其中的粒子有着非常高的热运动速度，若把它们装在容器中，高速运动的粒子与器壁接触，将立即冷却而终止核聚变反应。要想维持高温等离子体，必须采取一些特殊手段。例如，磁约束核聚变利用磁场将高温等离子体约束在被称为真空室的容器中，可以使真空室中的高温等离子体环与器壁完全脱离。

实现点火仅是可控核聚变研究的第1个目标。可控核聚变研究的第2个目标是使输出的能量超过输入的能量，获得净聚变能，建成核聚变发电站。

核聚变能是目前认识到的最终解决人类能源问题的最重要途径之一，如何开启这座宏伟而又清洁的能源宝库，不但是人类开发新能源的一条重要途径，也是当代世界科学技术的最大主攻课题之一。开发核聚变能源看似原理简单，却是人类面临的极具挑战性的课题之一。在地球上实现可控的核聚变反应难度极大，尽管人类早在1952年就研究出了首枚氢弹，将近70年过去了，科学家们至今仍然在孜孜不倦地探索如何将核聚变反应进行有效控制，并按照预期的设想用核聚变能发电来造福人类。任重道远，可控核聚变依然面临着巨大挑战。世界各国在核聚变研究领域展开激烈角逐的同时，正通过国际合作的方式，汇集人类共同智慧，建造世界上规模最大的“人造太阳”——国际热核聚变实验堆（ITER）。

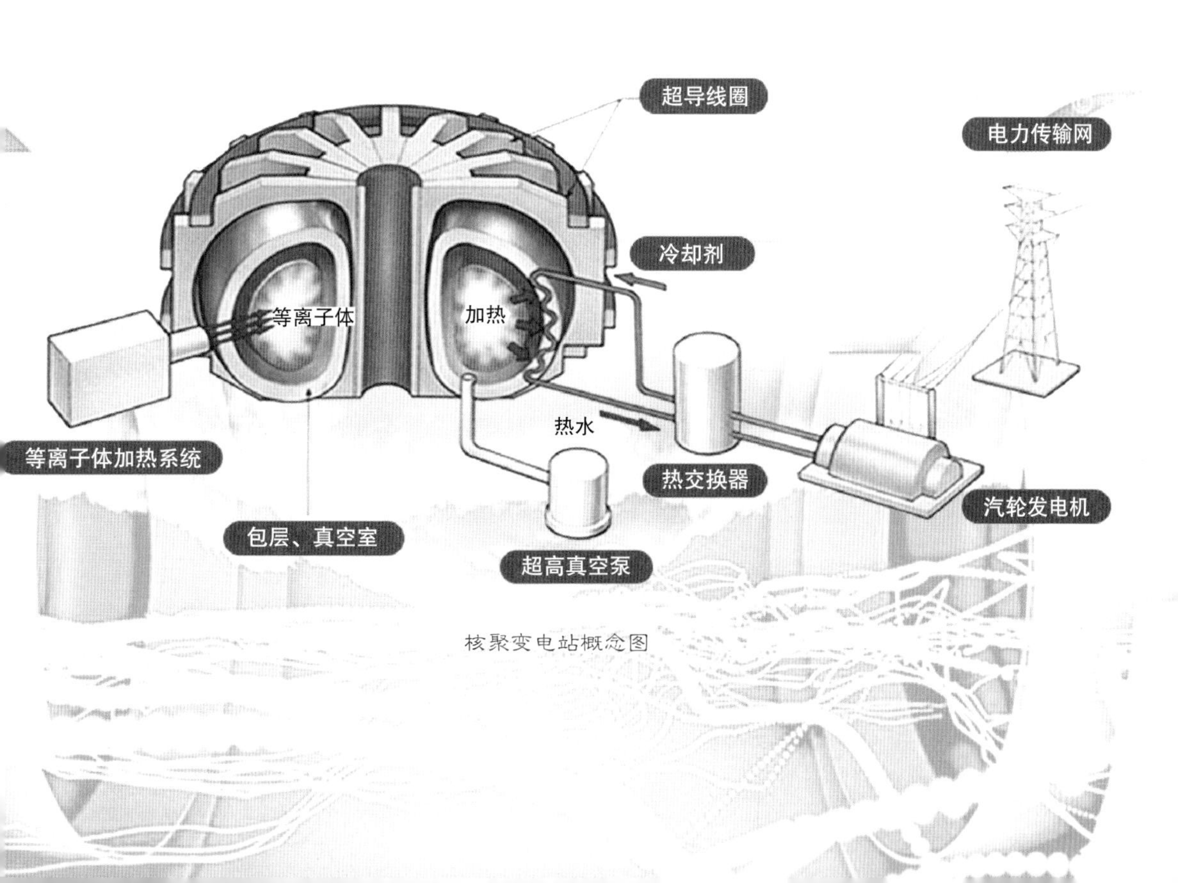

核聚变电站概念图

THE CHAPTER

第四篇 4

人造太阳：早期途径的探索

“我有一个美丽的愿望，长大以后能播种太阳。”数十年来，人类在探索可控核聚变的研究道路上从未止步。实现核聚变的主要途径有哪些？“人造太阳”的研究有什么突破？太阳小子将带你一一揭秘。

认识等离子体

第二次世界大战期间，美国集中了一批来自各国的优秀科学家在洛斯阿拉莫斯（L.Alamos）国家实验室研制原子弹。在此过程中，他们就开始注意到了核聚变反应的可能性，开展了一些有关核聚变研究的早期学术活动。第二次世界大战结束后，英国和苏联也秘密地开展有关可控核聚变的研究工作。

20世纪50年代初期，尽管可控核聚变研究处于早期阶段，但是受到了广泛的重视。在美国，普林斯顿大学、洛斯阿拉莫斯实验室、劳伦斯·利弗莫尔国家实验室和橡树岭国家实验室都开展了核聚变研究。1953年，美国原子能委员会成立了名为“雪伍德方案”（Project Sherwood）的实施小组，专门负责核聚变研究，并拨出了大量研究经费。

可这些研究过程并不顺利，和氢弹的研制过程相比，科学家们逐渐意识到，我们对发生核聚变的重要因素——等离子体了解并不多。等离子体是什么呢？我们从小在学习自然课程的时候都学习过物质的三态，也叫三相，分别是固态、液态和气态，而等离子体则是第四态。我们知道，把冰加热到一定程度，它就会变成液态的水，如果继续升高温度，液态的水就会变成气态，当温度升高到一定值后，气体的原子就会抛掉身上的电子，发生气体的电离化现象，物理学家把这种电离化的气体称为等离子体（Plasma），把物质的这种存在状态称为物质的第四态。等离子体态又称为“超气态”。等离子体由离子、电子及未电离的中性粒子的集合组成，整体呈中性的物质状态。等离子体可分为两种：高温等离子体和低温等离子体。等离子体温度分别用电子温度和离子温度表示，两者相等称为高温等离子体，不相等则称为低温等离子体。

等离子体在我们看起来如此奇特，但其实它并不稀有。等离子体是宇宙中一种常见的物质，在太阳、恒星、闪电中都存在等离子体。21世纪，人们已经掌握和利用电场和磁场的产生来控制等离子体。最常见的等离子体是高温电离气体，如电弧、霓虹灯和日光灯中的发光气体。

闪电

电浆球，又称等离子体球，是一个抽真空的玻璃球，内部填充着低压的惰性气体，中央金属球接上高电压，插上110伏的电源之后，内部气体因为高压而产生放电火花，形成一条条有颜色的光线，看起来像闪电的形状。填充的气体种类不同，光线的颜色也不同，除气体种类外，电流大小及球内气压也会影响电浆球发出的颜色。

延伸阅读：

雪伍德方案

（Project Sherwood）

1952年，美国为了发展可控热核聚变反应堆，制定了被称为“雪伍德方案”的计划，再次掀起了人们研究等离子体的热潮。在差不多相同时间，英国、法国和苏联也开始了类似的计划。

惯性约束与磁约束

英国科学家约翰·劳逊（J.Lawson）在20世纪50年代详细研究了实现核聚变点火必须满足的条件，提出了实现核聚变反应的“内功心法”，即所谓自持核聚变反应条件：对于氘-氚等离子体而言，阿尔法粒子（α）加热等于等离子体热损失。如果用“劳逊判据”表示，那就是实现氘-氚可控核聚变的等离子体温度要大于1亿摄氏度（10千电子伏），等离子体密度和等离子体能量约束时间的乘积大于2×10^{20}秒/米^3。这一判据也称作“核聚变三乘积”，即温度、约束时间和密度乘积的函数——$nT\tau_E$。如果要使高温等离子体中核聚变反应能持续进行，上亿摄氏度的高温必须能长时间维持，一定要让高温的等离子体能够稳定，并且传热比较少、保温比较好，这个问题也是核聚变研究很突出的问题。可控核聚变研究的最终目标是使输出的能量超过输入的能量，获得净聚变能，建成核聚变发电站。

延伸阅读：

劳逊判据：维持核聚变反应堆中能量平衡的条件。1957年，英国科学家约翰·劳逊研究了一个理想循环的脉冲核聚变反应堆中的能量平衡问题。假定核聚变堆中等离子体在核聚变反应中提供的总能量以某一效率转换成电能，并回授给等离子体以补偿其能量损失（轫致辐射损失，由热传导及粒子从等离子体逃逸引起的能量损失），使得核聚变反应继续进行。只有当回授给等离子体的能量不小于等离子体的能量损失时，即$\eta(P_r+P_b+P_L)\geq P_b+P_L$时，才能进行再循环并获得能量。劳逊判据被认为是实现核聚变研究最基础的原理之一。

根据约束方式的不同，实现核聚变反应的途径大致分为3类：

一是以太阳为代表的重力约束，依靠强大的引力形成高温高压环境和巨大的体积效应；

二是以高能激光束或粒子束压缩核聚变燃料的惯性约束；

三是以磁场来约束等离子体中带电粒子运动的磁约束。

核聚变反应

- 重力约束：引力形成的高温高压环境和巨大的体积效应
- 惯性约束：高能激光束或粒子束压缩核聚变燃料
- 磁约束：磁场对带电粒子的洛伦兹力

重力约束

惯性约束

20世纪60年代激光问世以后，苏联学者巴索夫和中国科学家王淦昌于1963年和1964年分别

延伸阅读：

尼古拉·根纳季耶维奇·巴索夫
（1922—2001）

苏联物理学家、教育家，因在量子光学领域的重要贡献，1964年与查尔斯·哈德·汤斯和亚历山大·米哈伊洛维奇·普罗霍罗夫同获1964年诺贝尔物理学奖。他是第一个研制出半导体激光器的科学家。1958年，他首先提出了用半导体制造激光器的想法，后来实现了通过P-N结、电子束和光泵激发的各种类型的激光器。

独立提出了激光核聚变的建议。但是在20世纪60年代末至70年代初，按照这种早期模式，要使核聚变达到实用规模所需的激光能量，仍然让科学家们望而生畏。

惯性约束核聚变的主要方法是利用多束高功率激光聚焦到氘氚靶球上实现核聚变反应，它是把几毫克的氘和氚的混合气体或固体装入直径几毫米的小球内，从外面均匀射入激光束或粒子束，球面因吸收能量而向外蒸发。受它的反作用，球面内层向内挤压（反作用力是一种惯性力，靠它使气体约束，所以称为惯性约束），就像喷气式飞机往后喷气体推动飞机向前飞一样，小球内的气体受挤压后压力升高，并伴随着温度的急剧升高，当温度达到所需的点火温度（大约几十亿摄氏度）时，小球内气体便发生爆炸，并产生大量热能。这种爆炸过程很短，只有几皮秒（1皮秒=10^{-12}秒）。如果每秒发生三四次这样的爆炸并且连续不断地进行下去，所释放的能量就相当于1000兆瓦级的发电站。原理虽然简单，但是现有的激光束或粒子束所能达到的功率还与此相差几十倍，甚至几百倍，加上其他种种技术上的难题，可控惯性约束核聚变的探索和研究仍然在路上。截至目前，世界上的代表性惯性约束激光核聚变装置包括美国的国家点火装置NIF（National Ignition Facility）、中国的“神光-Ⅲ”及法国的兆焦耳激光器LMJ（Laser Megajoule）。它

延伸阅读：

王淦昌

（1907—1998）

江苏常熟人，核物理学家。中国核科学的奠基人和开拓者之一、中国科学院院士、“两弹一星功勋奖章”获得者。1929年毕业于清华大学物理系，1933年获柏林大学博士学位。曾任原核工业部副部长兼原子能研究所（现中国原子能科学研究院）所长。1964年，他独立提出了用激光打靶实现核聚变的设想，是世界激光惯性约束核聚变理论和研究的创始人之一。

们均在实现可控惯性约束激光核聚变方面取得了骄人的成绩。

科学家们在研究中发现，可以利用“所罗门的魔瓶”——磁场，来约束世界上最神奇的“魔怪”——核聚变。也就是用磁场在燃料与器壁之间形成一个壁垒，通过磁场把带电粒子约束住，防止它们撞击周围的器壁，这就是磁约束核聚变。研究磁约束核聚变的代表性装置包括托卡马克、磁镜、仿星器、箍缩类装置等。

箍缩方式

一次闪电带来的意外启示

20世纪初，在位于澳大利亚新南威尔士州（New South Wales）利斯戈（Lithgow）附近的哈特利淡水河谷炼油厂（Hartley Vale Kerosene）里，一道闪电击中了厂里的烟囱，其避雷针上的一段小铜管似乎因遭受了巨大的压力而被压扁了。这个极不寻常的自然现象被该厂的一名细心的员工发现了，他将这段被雷击的金属残骸送到了悉尼大学的物理学家波洛克（J. A. Pollock）和机械工程师巴勒克拉夫（S.H.Barraclough）那里，一开始他们也觉得很不可思议：这根避雷针不过是受到了一股来自雷击产生的巨大电流脉冲而已，如何又能将铜管压扁？

波洛克和巴勒克拉夫经过研究后，得出了一种解释：根据电磁效应，由于流过直导体的电流会产生磁场，该磁场的磁感线是环绕在导体周围的，而一旦有电流切割了磁感线，电流中的电子就会受到洛伦兹力的作用，即使这个磁场是由该

延伸阅读：

洛伦兹力： 运动电荷在磁场中所受到的力称为“洛伦兹力”，即磁场对运动电荷的作用力。洛伦兹力的公式为$F=QvB$。荷兰物理学家洛伦兹首先提出了运动电荷产生磁场和磁场对运动电荷有作用力的观点，为了纪念他，人们称这种力为“洛伦兹力”。

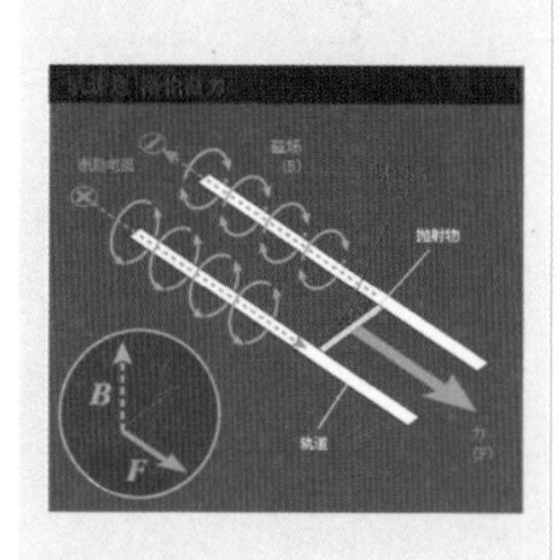

电流自身产生的。而这次事故就是由于在那一小段铜管避雷针中存在一股直流电流和一个环绕它的磁场，它们相互切割形成了一种力，这个力就会直接朝内指向导体的中心。在这次雷击事件中，通过铜管的电流脉冲是如此巨大，以至于能够不借助外力直接把铜管压扁，就像我们用手捏玩海绵那样简单。

波洛克和巴勒克拉夫将所发现的这一现象命名为“箍缩效应”。但这在当时并没有引起科学家们的足够重视，人们也只把它当作一般的科学奇闻来了解。直到40年后，依旧是在悉尼大学，桑纳曼偶然间也了解到了这种箍缩效应，他立刻就意识到，这种效应应该就是其一直苦苦寻求的可以约束住等离子体的一种极妙的方法！于是，他开始了他的核聚变梦想——去驾驭炙热的等离子体以使其为人类所用！

雷击产生的洛伦兹力压扁了这个铜管，并导致了箍缩效应的发现。

延伸阅读：

箍缩效应：当一束柱状的等离子体通过轴向电流时，该电流将产生角向或极向磁场，而电流在该磁场的作用下，产生向内的压力使得等离子体柱向内压缩，这个过程被称为“箍缩（Pinch）效应”。箍缩类装置在技术上属于快放电类型，有多种不同方案，典型的有Z箍缩、角向箍缩。利用轴向或纵向电流产生的箍缩称为“Z箍缩”或“纵向箍缩”，而利用角向电流产生的箍缩称为“角向箍缩”或“θ箍缩”。

彼得·桑纳曼的大胆尝试

1947年，在英国牛津大学的克拉伦登实验室里，来自澳大利亚墨尔本大学（University of Melbourne）的研究生彼得·桑纳曼（P.Thonemann）在思考一个问题：怎样才能通过让氘核发生核聚变反应来获得一点能量。基于箍缩效应，桑纳曼意识到，如果让等离子体在一个管道内通过流动来产生电流，而电流也会产生磁场并导致箍缩效应，使内部电流收缩，电流截面缩小，从而使得等离子体远离管道壁面，那么只要将管道设计成封闭的形状，等离子体就会被密封在内部。到这里，桑纳曼当时的想法其实已经初步具备了一台可控核聚变装置的雏形：只要把管道弯曲成面包圈的形状，就能让等离子体在一定条件下不断地在管道里保持流动状态，从而产生箍缩效应。

彼得·桑纳曼

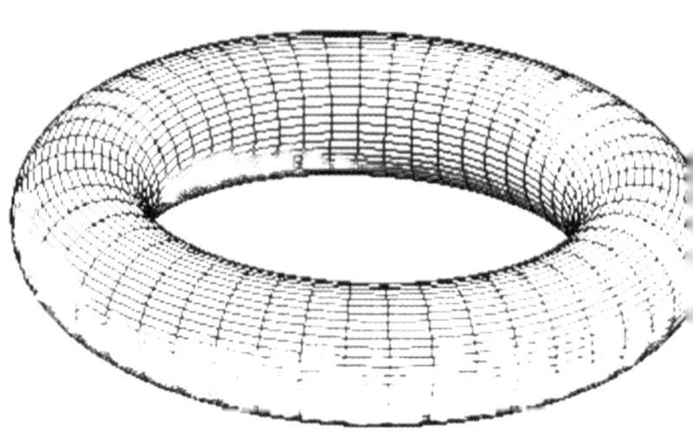

环形管道的透视图

受到这种开创性想法的激励，他来到了英国牛津大学，将自己的想法告知了克拉伦登实验室的主任弗雷德里克·林德曼（F.Lindemann），并申请了实验设备开展核聚变相关的实验研究。最开始，桑纳曼指导克拉伦登实验室的工人为他制作了一个玻璃管圆环，直径大概只有一根筷子那么长，桑纳曼想到了利用电磁感应原理使电流在管道内流动起来。

当变化的磁场切割闭合回路的导线或线圈时，其中的电子就会受到力的作用，并开始运动形成感应电流，反之亦然。同理，穿过圆环面的变化磁场也会推着等离子体在圆环内运动。桑纳曼利用电磁体实现了这一步，他的环形铁芯与圆环面环环相套，形成了穿过圆环面中心的磁场。而只有磁场发生了变化时才会产生这样的电磁感应，那电磁体中增强的电流将在铁环中产生一个逐渐增强的磁场，该磁场又将在圆环面中感应出电流。但电磁体的电流不可能无止境地增加。最开始，桑纳曼想到使用一台交流发电机来给环形铁芯供电，以产生交替变化的磁场，但他很快意识到，依靠交流电也不足以让等离子体动起来，必须先用一个静电场来击穿中性气体产生等离子体，然后利用电磁感应使等离子体流动起来。

在当时，等离子体物理学基本是一个无人问津的领域，因此，桑纳曼所做的尝试很多都是开创性的。他测量了等离子体的基本传导特性、磁特性和箍缩效应的强度。桑纳曼还了解到，圆环内的等离子体束有向外膨胀

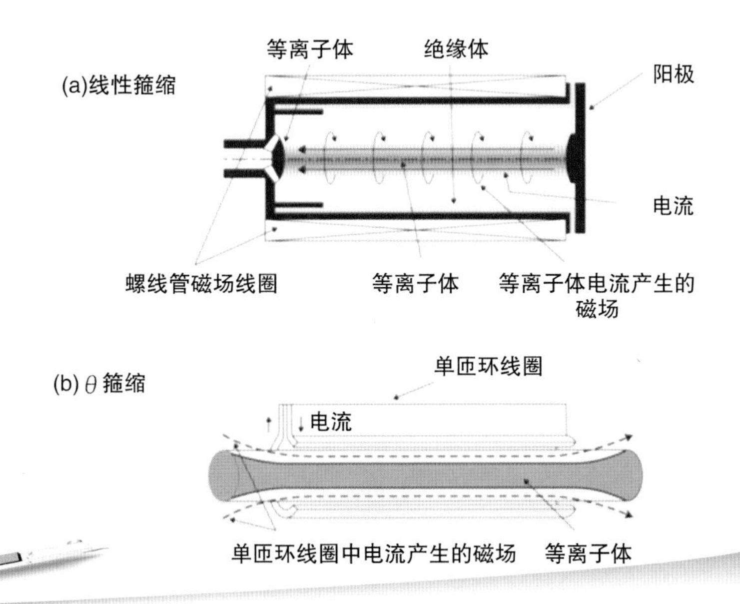

不同类型的箍缩装置

的趋势，直到与圆环壁面碰触而熄灭，并从实验上证明了等离子体的箍缩效应。为了观察到更强的箍缩效应，需要增加装置的输入能量，以产生更强的等离子体电流。但随着能量的提高，势必需要使用更加坚硬的圆环面材料，还需要强化对等离子体的约束能力。桑纳曼想到的是使用铜做圆环面，并沿其外壁面的内侧布设导线，当等离子体流动起来的时候，操作人员就在这些导线中通入方向相反的电流，于是电流之间会相互排斥，这种排斥力就能够使等离子体远离壁面了。经过近两年的努力，铜制的圆环面制作成功并准备运行。在圆环面上有两个小玻璃窗口，当桑纳曼启动反应时，透过玻璃窗口可以看到圆环面中部有一股稳定且发亮的等离子体电流，这次实验表明，桑纳曼在他的铜圆环面里已经生成了受到箍缩的等离子体。

随后，卡鲁斯特自己造了一个电容器堆，并把两个U形的弯管焊在一起拼凑出了一个圆环面。尽管这组实验设备的设计略显粗糙，但是实验的结果却是令人惊喜的：产生了万分之　秒的箍缩等离了体，并且这束等离子体更加容易实现约束。随后，他们很快将注意力和精力集中到了脉冲等离子体上，放弃了原本打算利用交流电来开展实验的所有计划。

扭曲不稳定性的困惑

早期的研究结果极大鼓舞了科学家们，他们开始制作一系列更大的圆环面，从马克-1（Mark-1）到马克-4（Mark-4），直径都达到了2米，产生的等离子体电流也一次比一次大。

但是，不管是哪一种装置，都存在一个共同的问题，那就是它们所形成的电流像是一条曲折蜿蜒的河流在圆环面内部悬空漂流着，而不是标准的圆环形状。这是核聚变科学家们第一次遇到这样的问题，并把这种现象称作“扭曲不稳定性”。

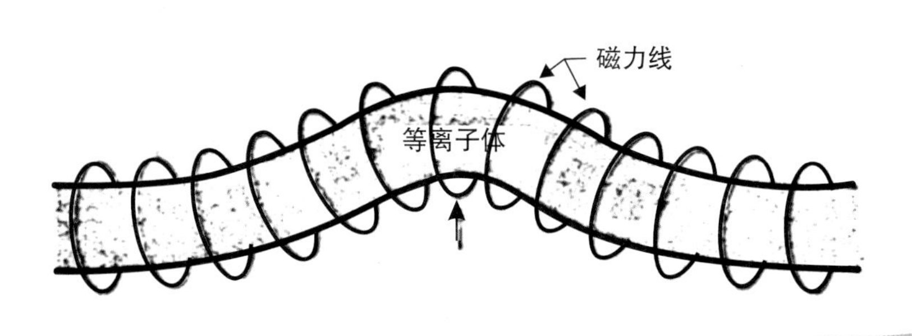

扭曲不稳定性示意图

而不稳定性现象的第一次出现绝不是偶然的，在核聚变科学发展的往后几十年间，随着实验参数的不断提高，各种各样的不稳定性现象层出不穷，即便是在今天的核聚变科学领域实验中，这种不稳定性现象仍然会经常出现，科学家们不得不一个接一个地来试图驾驭它们。但是，在这种现象刚刚出现的那个年代，当时的科学家们还真的有些束手无策了。

经过反复实验及对结果的分析后发现，这种扭曲不稳定性事实上是箍缩效应的一种必然结果。假使等离子体电流是沿着直线流动的，根据箍缩效应，会产生一系列围绕电流截面的一圈又一圈的圆环，由电流自身产生的磁场就会沿着电流均匀分布，即在等离子体柱的流动方向上若产生了扰动，会使得圆环磁场的分布变得不均匀，在等离子体柱面上形成凹凸错落分布的扭曲形态，而凹的部分磁场较强，进一步推动扰动并将磁能转变为等离子体的动能，从而形成扭曲不稳定性。因此，作用在电流上的箍缩力将是不平衡的，也就会加剧等离子体的扭曲。

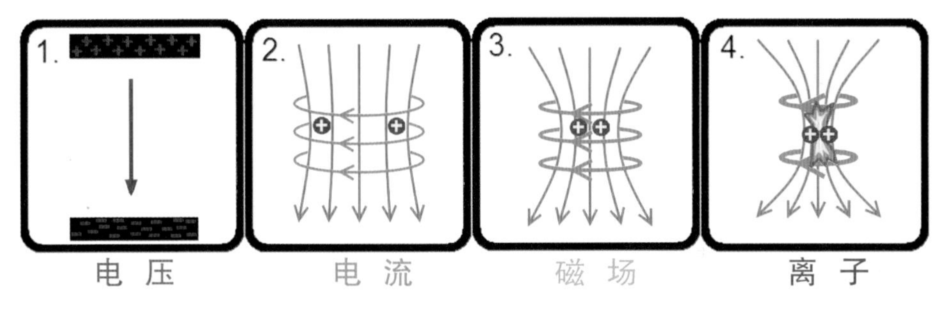

由箍缩效应产生的等离子体流体变化示意图

一名叫罗伊·比克顿（R.Bickerton）的科研人员提出了在圆环外绕上螺旋形线圈，线圈通上电流就能在由线圈包裹着的圆环面内部产生环绕圆环的磁场，从而有效抑制扭曲不稳定性。在这样的背景下，桑纳曼建造了一个直径3米的金属圆环面，其管道直径达到1米。1955年7月，这项大工程被称为ZETA（泽塔），意思是“零功率热核装置”（Zero Energy Thermonuclear Assembly），取这个名称的原因在于他们还不指望着这台新装置能够产生高于输入功率的输出功率来。随后，塔克团队又建成了一台1米长的直线型箍缩装置，取名叫“哥伦布”（Columbus）。这两台装置建成运行后，都成功检测到数以百万计的中子。科学家们兴奋不已，假若这些中子全部是由热核反应产生的，等离子体就一定达到了数百万甚至数千万摄氏度的高温，那么“泽塔”和“哥伦布”两大装置距离实现核聚变就不远了。但很多人都对此提出了质疑，最终经过反复论证，这些中子并不完全来自核聚变反应，宣告了“泽塔”装置和“哥伦布”装置的失败。

“泽塔”箍缩装置

尽管“泽塔”箍缩装置和“哥伦布”箍缩装置没能成功，但美国依然对箍缩装置充满兴趣。科学界一直流传着两种关于如何获取稳定的箍缩等离子体的奇妙幻想：第一个想法是使用导电的金属来制作容器，或将它封闭在一个金属的外壳中，以避免粒子与容器接触；第二个想法是沿着管道施加一个环向磁场，这样的磁场可以将等离子体支撑起来而不至于“飘”得太厉害。早期的核聚变研究都高度保密，在“泽塔”和“哥伦布”装置均宣告失败后的不久，世界各国都宣布要在日内瓦召开的“第二届和平利用原子能”大会上完全解密自己的核聚变项目。英、美、苏等国家的大批秘密进行核聚变研究的科研人员突然出现在了公众视野里。

会场上，零功率热核装置（泽塔）和直线型装置（哥伦布）等箍缩装置带来的早些时候的失望，以及其他装置遇到的技术瓶颈，已经让人们渐渐从乐观的心境中开始了反思。

箍缩装置开始在美国渐渐地失去了原本高得离谱的关注度，美国人最终把希望寄托在了仿星器上。

1960年，英国聚变科学家们搬进了位于卡拉姆的一座新建的实验室，原本计划在这里建造一座更大更强的零功率热核装置ZETA-2的项目被抛弃了，而改用较小的装置，以此专注研究等离子体性质和核聚变原理。桑纳曼也离开了这个项目，至此宣告了英国核聚变界“英雄时代”的结束。英国直到几十年后才建造了一个大型核聚变装置，但却是在另一个地方。

仿星器

1949年8月，苏联成功爆炸了自己的第一颗原子弹，这次爆炸令整个美国感到震惊。美国科学界开始担忧，不久后苏联或许将研制出氢弹了，美国必须抢先一步将氢弹研制出来，因此，时任美国总统杜鲁门下令启动了一项紧急研制氢弹的计划，被命名为“马特洪恩计划”（Project Matterhorn），该计划主要负责氢弹的理论研究。一名天体物理学家被招募进了该计划，此人名叫拉曼·斯必泽（L.Spitzer），是一名星际物质专家，也就是研究星际空间里的稀薄气体和尘埃的。我们知道，星际气体主要是指的氢等离子体，而氢弹的原理就是必须要控制装置中的氢等离子体，所以斯必泽就可以帮助他们解决问题。

延伸阅读：

仿星器：一种外加有螺旋绕组的磁约束核聚变实验装置。它由一个闭合管和外部线圈组成，闭合管呈直线形、“跑道”形或空间曲线形。简言之，仿星器与托卡马克装置最大的不同在于磁场方向，其工艺设计、制造难度系数更大。有学者指出，仿星器是以高难度的工艺设计换取了较为容易实现的物理结果。

拉曼·斯必泽

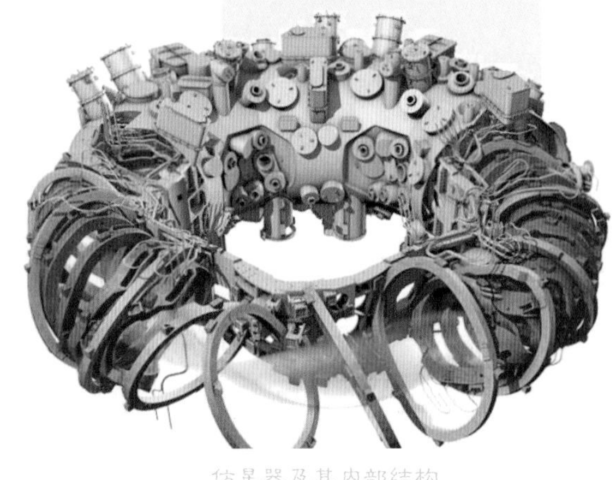

仿星器及其内部结构

如何实现可控的核聚变？斯必泽发现，要想实现核聚变，就必须使原子核拥有足够大的能量来发生相互碰撞，即要求等离子体的温度和密度非常高，以便产生足够多的碰撞，还要求等离子体远离容器壁，要同时解决这两个难题的最好方法就是利用磁场。他思考着，如果有一根带有磁场的直管，其中内部磁场的磁感线与直管保持平行，而带电的等离子体粒子进入直管后，这种均匀磁场对这些粒子产生一个作用力，使它们沿着磁感线的方向运动，从而防止它们越过磁感线朝着管壁做横向运动。所以，只要磁感线不与管壁相交，这些粒子就不会撞到管壁上。

“8”字形的仿星器示意图

在一段直管里建立均匀的磁场是很容易的，只要将导线均匀致密地缠绕在直管上，然后再通上电流，就会在直管内形成一个经典且简单的均匀磁场。问题在于，怎样解决直管道两端磁感线的闭合问题。因为带电粒子既可以沿着直管在磁场约束下做相对自由的单向运动，也能够不受约束地从直管的两端飞出去。斯必泽想到了可以把直管弯曲成圆环管，这种想法几乎与桑纳曼当初的想法不谋而合，而这已经是在1951年后才产生的相似灵感。然而，这种通过在圆环管上缠绕导线产生的环向磁场又存在新的问题，即不再是真正意义上的均匀磁场。显然，在圆环管上缠绕致密线圈产生的磁场内侧比外侧强，这样的非均匀磁场对粒子作用的结果是会产生一个垂直于粒子运动方向的力，造成电子被拉向管道的顶部，离子被拉向管道的底部。而电子和离子分离会产生一个电场，这个电场又会与线圈产生的磁场共同作用，从而推动带电粒子朝着圆环管的外壁运动，最终的结果是将带电粒子轰击到壁上。通过计算，斯必泽得出结论，粒子在还没有围绕圆环管运行一周时就将会撞到管壁上，可想而知，这样的等离子体即便是运行了起来，也几乎是维持不了多长时间的。

被这样的难题困扰着的斯必泽，经过几天的冥思苦想，最终想到了一个解决方案：不再用圆环管，而是通过两根交叉的直管把两个弯管连接起来，形成一个“8”字形。在这种结构下，电子在右端弯管里被推向上部，离子偏离到下部。当它们到达左端弯管时，电子就偏离向下部，而离子则被推向上部。因此，粒子的偏离就基本会相互抵消了。

后来，斯必泽放弃了继续参加研制氢弹的“马特洪恩计划”，而是花了一个月时间草拟了一份内容翔实的研发热核反应堆的建议书，他将其命名为“仿星器”。该建议书被提交给了美国原子能委员会。

斯必泽的仿星器研究，从一个小型的桌面装置——型号A开始。

此装置的实验结果表明，等离子体能够被生成和约束住，其中的电子还可以被加热到100万摄氏度。之后，第二阶段将建造一个更大的型号B装置，并计划将离子温度加热到100万摄氏度。最后就是型号C装置，它将是一个原型

普林斯顿大学的“型号A”装置

动力堆，可以实现将等离子体加热到1亿摄氏度的热核反应温度。他提出的“ABC”三步走的计划过程将需要10年时间。

型号A显示出了很好的约束功能，建造中的型号B具备更强的磁场，离子温度预计达到100万摄氏度。到了1961年5月，经过近4年半的设计和建造，普林斯顿建成了仿星器型号C。它的等离子体真空室呈跑道型，周长为12米。由于具有更大的尺寸，型号C中等离子体流的存在时间要比型号B-3还要长10倍。但是，当研究人员们继续研究磁场与粒子扩散速度的关系时，发现这种关系依然符合玻姆公式。因此，玻姆扩散现象成了20世纪60年代那些早期核聚变科学家们的心头之痛。现在摆在他们面前的只有一条路可走了，就是回到装置的设计图纸前，认真思考一下该如何通过改进装置本身来实现对等离子体更好的约束。

延伸阅读：

玻姆扩散

（Bohm Diffusion）

等离子体粒子横越磁场的反常扩散现象。扩散系数通常比经典扩散系数大几个数量级，而且扩散系数与磁场强度成反比。

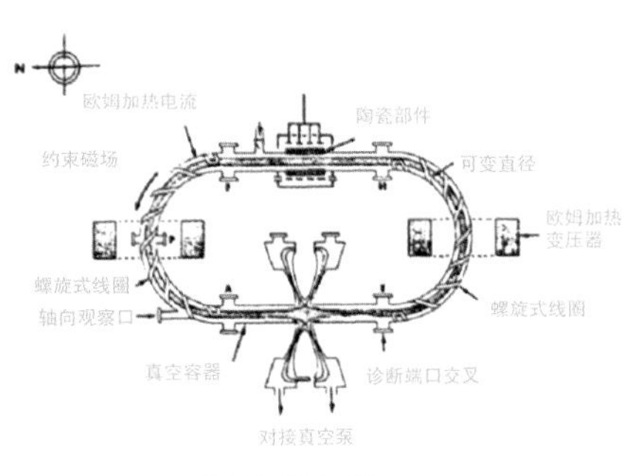

型号C仿星器简图

型号C仿星器的俯瞰图

可以看到两个螺旋式线圈、一个偏滤器和一个RF线圈，两个铁芯变压器可以用来引入一股温和的欧姆加热电流。

美国仿星器型号C的设计图纸及照片

磁镜

1952年，一位年轻的物理学家赫伯特·约克（H.York）来到刚刚建立不久的用于研制武器的劳伦斯·利弗莫尔国家实验室访问，并与被后世称为美国“氢弹之父”的爱德华·泰勒（E.Teller）讨论了他们关于研制核聚变装置的新计划。年轻的约克被指定为负责人，他走访了普林斯顿，也到过洛斯阿拉莫斯，与斯必泽和塔克讨论了仿星器和箍缩装置等可控核聚变装置面临的问题。为了拓宽研究领域，提高实验室声誉，约克决定在劳伦斯·利弗莫尔国家实验室研究热核武器的同时，也开展可控核聚变研究。

赫伯特·约克（Herbert York）

爱德华·泰勒（E. Teller）

在比较了仿星器和箍缩装置之后，约克决定采用与众不同的方法，他想用外部线圈产生的磁场约束等离子体，但并不是采用闭合磁力线的方法，而是通过别的方式解决直圆柱等离子体的终端泄漏问题。当时，有一位名叫波斯特（R. Post）的年轻博士刚从斯坦福大学毕业，到利弗莫尔从事同步辐射的研究。他具有微波和等离子体两方面的背景知识。约克邀请他参加核聚变的研究，波斯特从当时观察到的宇宙射线现象中得到启发：由于地球磁场在两极区域的强度明显高于其他区域，宇宙射线中的带电粒子进入该磁场后，就会沿着磁力线向地球南北两极区域运动。带电粒子在垂直于磁场的方向上做回旋运动的过程中，遇到强磁场时就会被反射回来，并会被捕获在两极强磁场区域之间来回运动。

延伸阅读：

磁镜：一种两端开放的磁约束装置，具有两端磁场强、中间磁场弱的轴对称磁场位型。带电粒子在磁场中沿磁力线朝两端运行时，可以在强磁场的位置发生反射而返回中心区，因此被形象地比喻为磁镜。

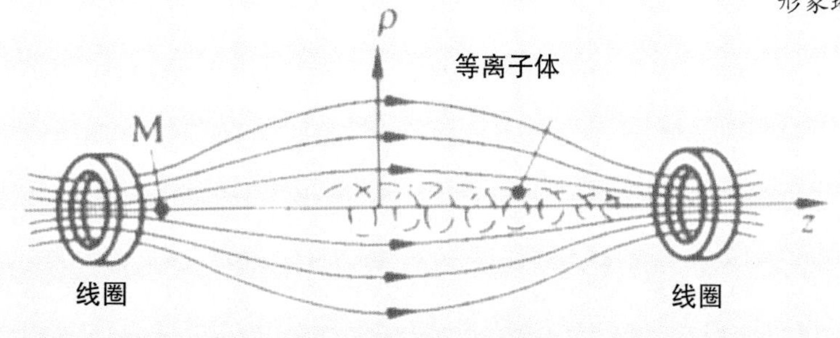

磁镜装置示意图

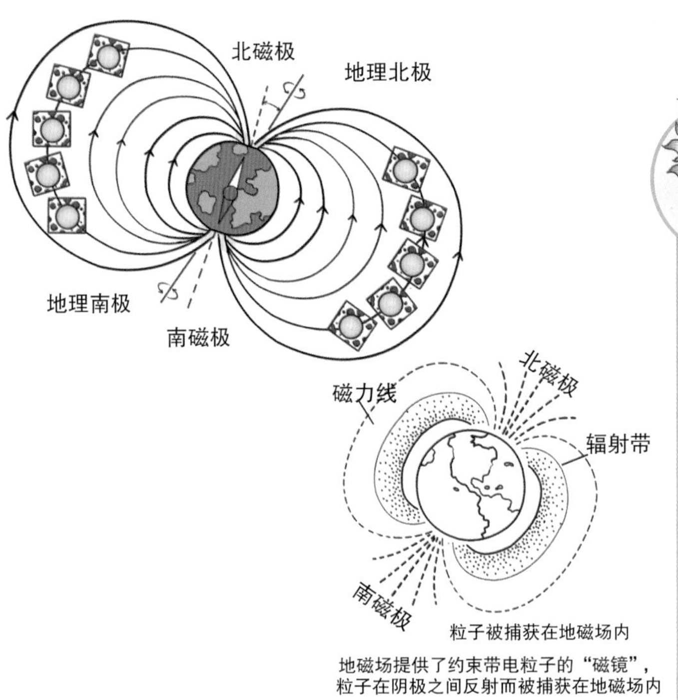

地磁场提供了约束带电粒子的“磁镜”，粒子在阴极之间反射而被捕获在地磁场内

延伸阅读：

磁矩守恒：在梯度不是太大的非均匀磁场中，带电粒子的磁矩m是一个不变量，即当带电粒子由较弱磁场区进入较强磁场区时（B增加），它的横向动能$mv_{\perp}^2/2$也要按比例增加。由于洛伦兹力是不做功的，带电粒子的总动能$mv^2/2=m(v_{\perp}^2+v_{\parallel}^2)/2$也不变。这样一来，纵向动能$mv_{\parallel}^2/2$和纵向速度$v_{//}$就要减小。若某个区域磁场变得足够强，$v_{\parallel}$还有可能变为0。这时引导中心沿磁感应线的运动被抑制，而后沿反方向运动。

既然带电粒子进入强磁场区域后能够被反射回弱磁场区域，那么只要在直管两端缠绕更多的载流线圈，就能增强直管两端的磁场，迫使磁力线在直管两端彼此靠得更加紧密，从而形成两端强、中间弱的特殊磁场。一方面，带电粒子沿着磁场方向运动，具有一个平行于磁场的速度；另一方面，带电粒子垂直于磁场方向做螺旋运动，具有一个垂直于磁场的速度。由于磁场不会对带电粒子做功，所以这些粒子的总动能将保持恒定。当带电粒子在这样的磁场中运动时，在磁场较强的一端，粒子垂直于磁场方向的速度分量将会变大，而平行于磁场方向的速度分量将会相应地变小，直到完全失去平行方向的速度，这样就会被磁场反射，朝着弱磁场方向

一种磁镜装置

运动。当运动到另一端，又会被反射回来，来来往往，周而复始，就如同一束光在两面平行相对的镜面之间相互反射一样，这种效应就被称作“磁镜”。1952年，约克建立了一个直线型等离子体装置，容器是一个内径10厘米，长1米的硬质玻璃管，外部绕有螺旋管线圈，每个端部都放置一个磁镜线圈，以便在端部产生比中心部位强得多的磁场。

磁镜装置最大的特点是两端磁场比中间强，带电粒子运动到一端时被反射回去，经过中心区域后，又向另一端螺旋前进，到达另一端后又被反射回来，周而复始地在磁镜装置的两端来回运动。实际上，不可能所有带电粒子遇到强磁场全部被反射回来，总有一部分纵向速度 $v_{\parallel}$非常大的带电粒子会越过强磁场区域而损失掉。若粒子速度与磁场之间的角度定义为 θ，把粒子刚好能被反射回来对应的角度定义为 θ_c，以 θ_c为半顶角画一个圆锥体(专业术语叫损失锥)，那么，凡是速度方向落在损失锥内的带电粒子都会损失掉，这也是磁镜装置面临的挑战之一。

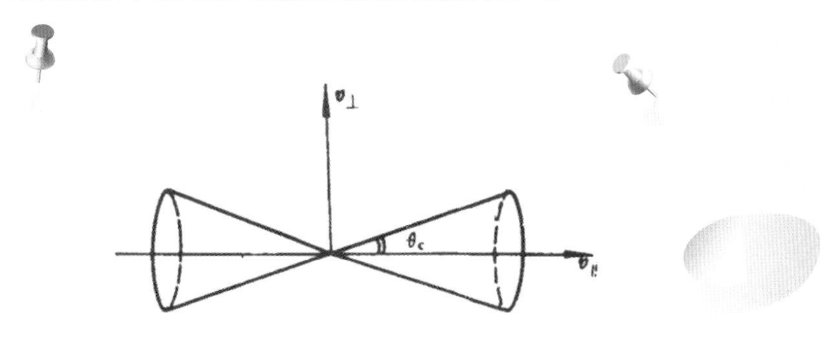

磁镜装置的损失锥（速度方向落在损失锥内的带电粒子会越过装置两端而损失掉）

托卡马克的诞生

太阳小子带你了解了科学家们早期对箍缩、仿星器、磁镜等实现可控核聚变途径的探索研究后，突然出现的“托卡马克”对小伙伴们来说是一个陌生的名字，然而，在“人造太阳”研究征途中，它却是一个充满智慧的伟大发明。托卡马克装置的诞生，在可控核聚变研究的漫漫长夜中，给人类带来了一丝曙光。

注定不平凡

当英美等西方国家的可控核聚变界致力于箍缩、仿星器和磁镜等途径的研究时，苏联物理学家塔姆（Tamm）和萨哈罗夫（Sakharov）认为，将环形等离了体中感应电流产生的极向磁场跟外部环向磁场结合起来，可以实现维持等离子体平衡的位形。雅符林斯基（Yavlinsky）和阿齐莫维奇（L.A.Artsimovich）主持的莫斯科库尔恰托夫研究所先后开展实验来验证塔姆和萨哈罗夫提出的设想，率先提出了“托卡马克”这一概念。托卡马

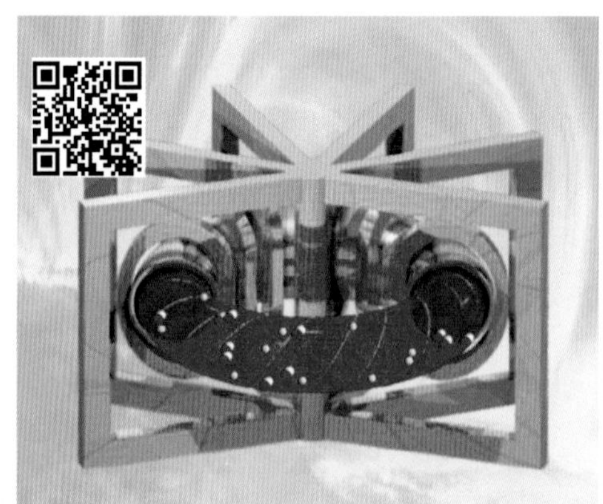

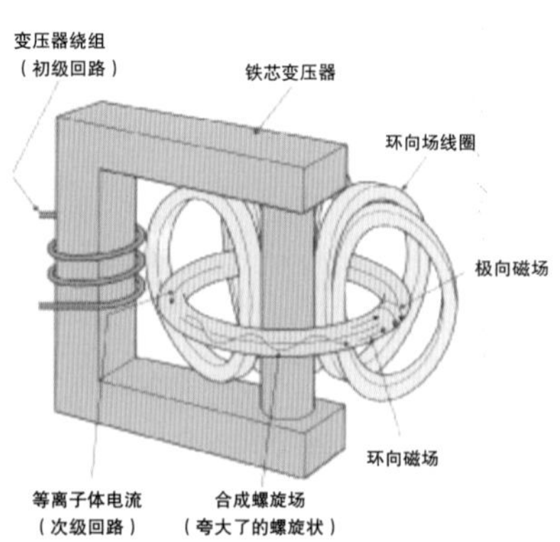

托卡马克原理动态图（扫描观看）

延伸阅读：

阿齐莫维奇与托卡马克

20世纪50年代初，苏联的库尔恰托夫研究所在阿齐莫维奇的领导下开展了托卡马克（Tokamak）装置的实验研究。托卡马克装置的中央是一个环形的真空室，外面缠绕着线圈。在通电的时候，托卡马克的内部会产生巨大的螺旋形磁场，将其中的等离子体加热到很高的温度，以达到核聚变的目的。1968年，在苏联诺沃西比尔斯克召开的等离子体物理和可控核聚变研究第三届国际会议上，阿齐莫维奇发表的在托卡马克装置上取得的最新实验结果引起了轰动。于是，世界范围内便很快掀起了研究托卡马克的热潮。

克本质上就是一个环形的等离子体容器，利用超强磁场将等离子体悬浮在容器中，从而避免高温等离子体与容器接触造成装置损坏，磁场包括环向磁场和极向磁场。托卡马克的名字由环形（Тороидаль）、真空室（Камере）、磁（Магнит）、线圈（Катушка）4个俄文单词词头组成，英文简称Tokamak。

以含铁芯变压器的托卡马克为例，初级线圈（初级回路）、铁芯和环形等离子体（次级回路）共同组成一个变压器，将初级线圈电流加到最大值后快速下降，铁芯就会产生变化的磁场，变化的磁场在次级回路的环形等离子体中感应一个大电流，这个电流再产生极向磁场，极向磁场与外加的环向磁场叠加形成一个环形的螺旋形磁场，由于存在自中心向外的磁压力和热膨胀力，等离子体环会向外膨胀，需要外部施加一个垂直于等离子体环的极向磁场向内推挤等离子体。因此，托卡马克装置的磁容器由3个部分组成：环向场线圈产生的环向磁场、等离子体电流产生的极向磁场、外部极向场线圈产生的用于控制平衡的极向磁场。

延伸阅读：

环向场：由绕在等离子体真空室外的大型磁场线圈产生的主要的磁场分量。在托卡马克装置中用于产生环向场的线圈称为环向场线圈。

极向场：沿环向流动的电流所产生的磁场。在托卡马克装置中用于产生极向场的线圈称为极向场线圈。

与众不同，鹤立鸡群

托卡马克、仿星器、箍缩和磁镜装置是几种不同类型的磁约束核聚变装置。箍缩装置的典型代表是反场箍缩，它有别于托卡马克和仿星器，最大的特点是约束等离子体的磁场由等离子体内部电流所产生，主要开展短脉冲实验，但从实现核聚变的角度看，反场箍缩装置获得的等离子体参数明显低于托卡马克装置。仿星器的最大特点是没有等离子体电流，它的环向磁场和极向磁场完全由外部线圈提供，可以避免等离子体不稳定性造成的安全性问题，能够连续稳定运行，但仿星器很像一个被扭过的发圈，构造非常复杂，其难以推广的最大原因在于工程难度和资金投入量。

经过对包括托卡马克、磁镜、仿星器、箍缩等在内的磁约束核聚变多种研究途径的探索，发现托卡马克途径在技术上最成熟，进展也最快，逐渐显示出其独特优势，成为后来可控磁约束核聚变研究的主流。

托卡马克装置结构简单，呈简单圆环状，主要依靠强大的等离子

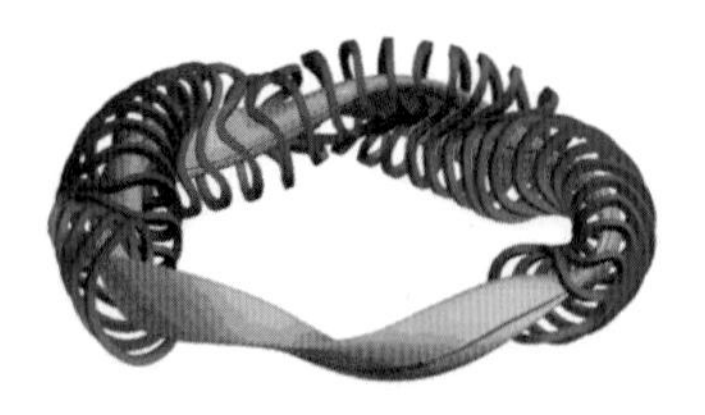
仿星器（Stellarator）

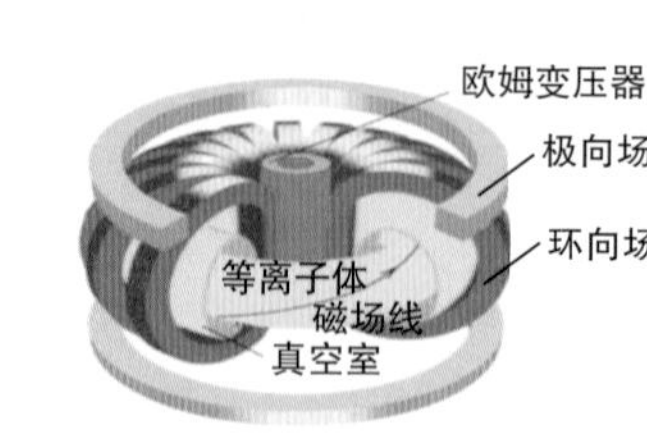

托卡马克（Tokamak）

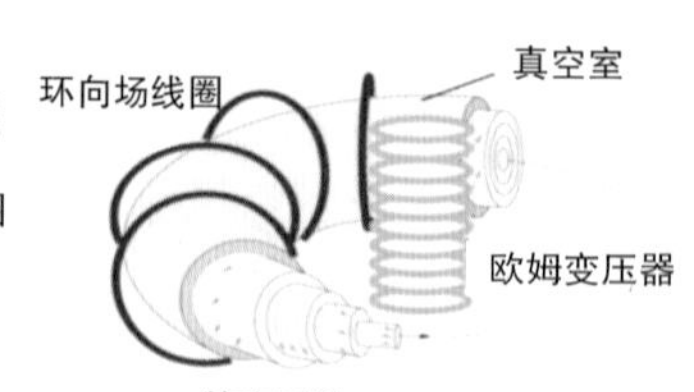

反场箍缩（RFP）

托卡马克、仿星器、反场箍缩的区别

体电流产生极向磁场，该极向磁场与环向磁场叠加，从而产生约束等离子体的螺旋形磁场。与仿星器相比，托卡马克结构更简单，约束性能更好，但由于等离子体电流的不稳定性，也容易发生“大破裂”故障，因此，科学家对托卡马克的研究有很大一部分精力就是用在了避免“大破裂”上。

延伸阅读：

破裂：也称为等离子体破裂（Plasma Disruption），即等离子体的温度陡然下降并使等离子体放电，在短时间内出现瞬间淬灭的现象，它导致放电中断并严重损坏核聚变装置。等离子体破裂是未来实现核聚变商业发电必须解决的重大技术课题。

一鸣惊人，激起千层浪

世界上首个托卡马克装置T-1于1958年年底诞生于苏联库尔恰托夫原子能研究所，宣告了托卡马克磁约束核聚变研究的开始，但此后的托卡马克研究并不顺利。1965年9月，国际原子能机构在英国的核聚变研究新基地——卡拉姆实验室召开了一次会议，目的是维持从1958年日内瓦会议开始的国际合作。来自全世界的核聚变研究人员聚集在这里，商讨核聚变的现状与未来。拉曼·斯必泽发表演讲，概述了当时全世界环形装置的实验结果。他的总结似乎要给在场的科学家们泼一瓢冷水：目前所有的装置都几乎是失败的。他的演讲毫无疑问是充满了消极观念的，给会议现场的众多科学家们心里笼罩了一层厚厚的乌云。可是，会议中出现的一个闪光点打破了这种消极情绪的阴霾，如拨云见日般令人看到了希望的光亮：阿齐莫维奇(L. A. Artsimovich)站到演讲台上，面对全世界的核聚变科学家，报告了在苏联托卡马克装置实验研究中，等离子体的性能明显优于其他环形装置，得到很大提高，托卡马克途径的实验结果令人鼓舞。

延伸阅读：

电子伏

（Electron Volt）

符号为eV，代表一个电子经过1伏特的电位差加速后获得的动能，1电子伏对应的温度约为11 600开。

1968年8月，在苏联新西伯利亚（Novosibirsk）召开了等离子体物理和核聚变研究的第三届国际会议。会上报告了仿星器-C及磁镜装置等方面取得的新进展，还首次发表了有关激光等离子体的论文。然而，会议上最令人瞩目的还是阿齐莫维奇发表的T-3托卡马克取得的最新实验结果。在T-3托卡马克装置上，首次观察到了核聚变能量输出，等离子体电子温度达到了1千电子伏，离子温度达到0.5千电子伏，等离子体密度和等离子体约束时间的乘积$n\tau=10^{18}$秒/米^3，等离子体能量约束时间长达几毫秒，功率增益因子Q值为十亿分之一。这是可控核聚变研究的重大突破，在当时是一个令人震惊的结果。

T-3托卡马克装置

T-3托卡马克装置的轰动性研究成果从全世界怀疑到举世公认，其获得的成果远超世界科学家的认识。会议上不少人怀疑电子温度的计算是否正确，当时激光技术刚问世不久，苏联还没有能直接测量电子温度的激光散射诊断技术，他们公布的电子温度是以假设等离子体中的电子服从麦克斯韦分布为前提推导出来的。普林斯顿的科学家弗思（H. Furth）等则认为等离子体中的电子可能不服从麦克斯韦分布，他们测量到的很可能是其中一部分高能逃逸电子的能量。苏联专家们所获得的数据结果的可靠性引发了斯必泽与阿齐莫维奇之间的激烈争辩。如果T-3托卡马克装置的电子温度测量是正确的话，那么在新西伯利亚会议上发表的托卡马克最新实验结果将具有划时代的意义。

为了证实这件事,在阿齐莫维奇邀请下，英国卡拉姆实验室主任皮斯（R. S. Pease）带领等离子体诊断专家小组，于1969年春天携带最先进、最可靠的红宝石激光散射系统来到苏联库尔恰托夫研究所，重新测量T-3托卡马克装置的等离子体电子温度。结果表明，电子温度确实达到了1千电子伏，电子是服从麦克斯韦分布的，排除了弗思等人起初提出的关于逃逸电子的可能性。在那时，高达1千电子伏的等离子体被约束了几毫秒，令人震惊。阿齐莫维奇让所有的核聚变科学家心中再次燃起了希望之火，这一鼓舞人心的结果引起了随后几年世界范围内的托卡马克研究热潮。普林斯顿实验室为了尽快重复T-3的实验结果,把仿星器C改装成了ST托卡马克；橡树岭实验室建造了奥尔马克（Ormark）；法国冯克奈-奥罗兹（Fontaneyaux-Roses）研究所建造了TFR托卡马克；英国卡拉姆实验室建造了克利奥（Cleo）；日本原子能研究所建造了JFT-Ⅱ托卡马克；西德的马克思-普朗克（Max Planck）研究所建造了普尔萨特（Pulsator）托卡马克。

延伸阅读：

麦克斯韦分布：在某一时刻，某一特定分子的速度大小是不可预知的，且运动方向也是随机的。但在一定的宏观条件下，对大量气体分子而言，它们的速度分布却遵从一定的统计规律。麦克斯韦在1859年用概率论证明了在平衡态下，理想气体分子的速度分布是有规律的，这个规律被称为麦克斯韦速率分布律，并给出了它的分布函数表达式。

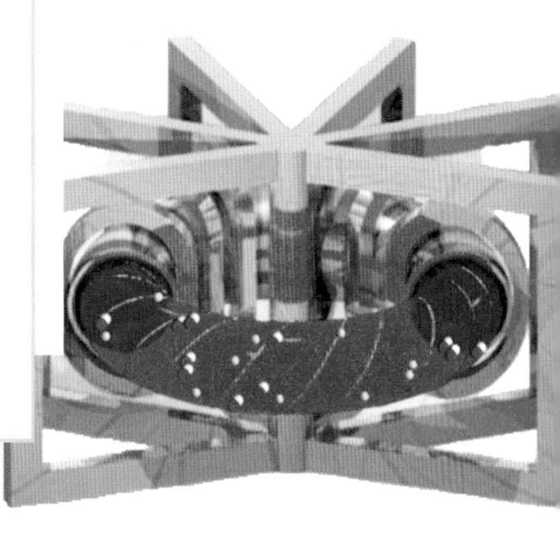

常规VS超导：并驾齐驱，比翼双飞

严峻的现实使科学家们意识到受控核聚变的成功并非像氢弹爆炸那样指日可待。而托卡马克装置在包括仿星器、串列磁镜和反场箍缩装置等在内的一系列磁约束核聚变堆途径中脱颖而出，给磁约束核聚变能源的研究带来了希望之光。

根据产生磁场的线圈类型的不同，托卡马克又分为常规导体托卡马克和超导托卡马克，这两类装置使用的其实是相同的原理。已建和投入运行的托卡马克装置大多属于常规导体托卡马克。常规导体托卡马克是指装置产生磁场的线圈是常规铜线圈，其最大的特点是线圈电流可以快速变化，缺点是铜导体线圈通过大电流容易发热，无法长时间稳态运行；超导托卡马克装置是一种利用超导线圈产生磁场进行磁约束和真空绝热来实现可控核聚变的环形容器，其最大的优势是可以实现长时间稳态运行，缺点是线圈电流无法快速变化。

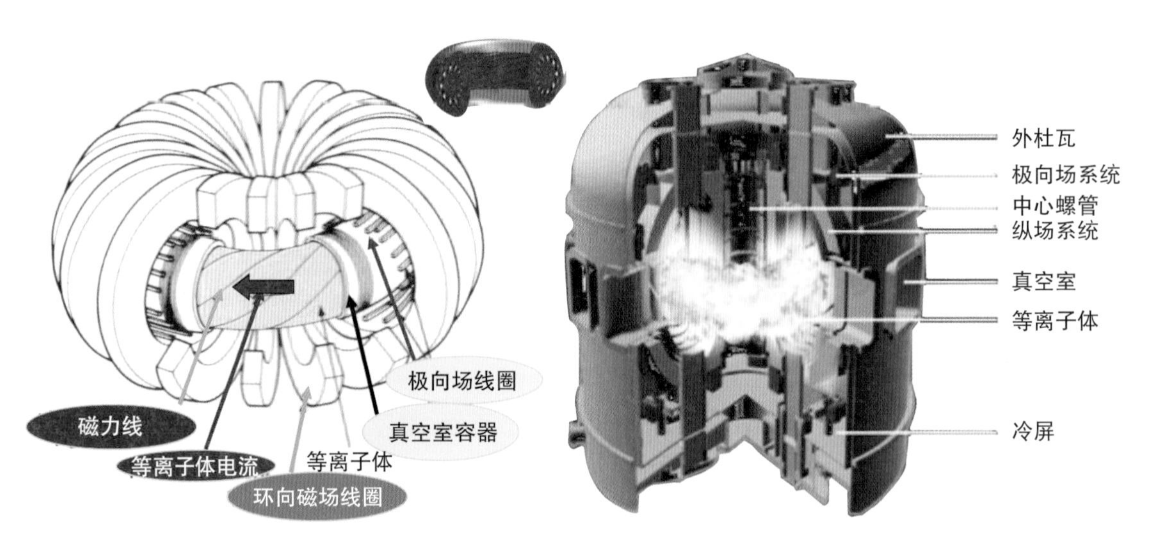

常规导体托卡马克示意图

超导托卡马克示意图

世界上建造的大部分托卡马克装置，如尚在运行中的美国的DIII-D（服役已经超过30年，仍然是当今最活跃的托卡马克装置之一）、德国的ASDEX-U（ASDEX是世界上首个带偏滤器的托卡马克装置，升级改造后的ASDEX-U至今也仍在运行）、欧洲的JET等，以及中国环流器系列装置都属于常规导体托卡马克装置。JET是世界上最大的托卡马克装置，成功开展了多次氘-氚核聚变实验，正计划再次开展氘-氚核聚变实验。因此，常规导体托卡马克装置在探索可控核聚变研究中仍具有不可替代的作用，仍将为核聚变研究发挥重要作用。

当然，托卡马克装置在不断发展的过程中也在不断地引进和发展着先进的新技术手段。在托卡马克装置中，为了产生足够强的磁场，必须给线圈通过高达数万甚至数十万安的大电流，要知道一个小型水电站的输出电流也就是几百安。常规导体托卡马克装置采用普通铜导体来建造巨大的线圈，而普通的铜导线是有电阻的。尽管电阻很小，但由于电流本身很巨大，也会造成很严重的发热问题，所以，会在一定程度上限制托卡马克的长时间运行。而超导材料的发现和发展，将为这个问题的解决开辟一条全新的道路。

1911年，荷兰物理学家卡末林·昂内丝

延伸阅读：

偏滤器：在磁约束核聚变装置中，为分散热功率、排除燃料及氦灰、消除或减少杂质、隔离边界产生和分开系统特意加入的杂质等而设置的装置。起源于德国ASDEX装置，是核聚变实验装置和未来核聚变堆的关键组成部分。核聚变燃料氘氚以等离子体态在主真空室中燃烧，燃烧后的氦灰及混在燃料中的其他杂质穿过磁力线组成的分界面进入偏滤器中，紧接着氦灰与杂质就被抽气泵抽走。因此，偏滤器主要有三大功能：一是排出氦灰；二是杂质控制（排出杂质和屏蔽杂质）；三是排出热量。

（H.K.Onnes）发现金属汞，也就是我们俗称的水银，在温度冷却到4.2开尔文时，其电阻就会突然消失。后来他发现许多其他金属在低温条件下也存在类似的失去电阻的特性。1913年，昂内丝在一次演说中指出："在低温下金属电阻的消失不是逐渐的，而是突然的。"他们都具有特殊的导电性能，这种性质被称作"超导态"。

超导材料是一种在特殊低温条件下电阻能够降为零的材料，正因如此，我们可以利用这类材料的这一特殊性质，来尽量避免或减弱线圈的发热问题，将能够直接利于托卡马克的长时间运行。此外，和常规导体托卡马克所使用的普通铜导线相比，通入相同通量的电流，所需超导体的尺寸将会更小，而且由于电阻导致的材料发热问题也将大大缓解，也有助于将托卡马克磁体系统做得更加小型和紧凑。

世界上第一个超导托卡马克装置T-7于20世纪70年代由苏联人建造，T-7托卡马克是第一个具有环向场超导线圈的大型托卡马克装置。该装置于1978年建成并成功运行了5年左右，随后停止运行，并于1991年向中国科学院等离子体物理研究所进行了装置转交的相关事宜。当时，我国科研人员与俄罗斯科研人员相互

T-7超导托卡马克装置

HT-7超导托卡马克装置

配合，用了3年多的时间，将从库尔恰托夫研究所引进的T-7超导托卡马克装置及其低温系统进行了根本性改造，建成了我国第一个超导托卡马克装置HT-7。经过不懈的努力，在对装置进行不断升级改造后，2008年，在该装置上再次实现了400秒的等离子体放电，电子温度达到了1200万摄氏度，中心密度达到5×10^{18}/米^3。

不管是哪种托卡马克装置，其研究过程中面临的最大问题就是等离子体的不稳定性。这些不稳定性极易导致等离子体破裂，形象地说就是这些不稳定性极易“熄灭”刚刚燃起的火苗。托卡马克等离子体是一种流动的电离气体，它本身就非常不稳定且容易破裂。将等离子体加热到高温高密度状态是其产生核聚变的首要条件。但如果过度加热，将发生等离子体破裂。破裂一旦出现，不仅直接导致等离子体熄灭，巨大的热冲击还会对真空室第一壁和室内部件造成严重破坏，这种破坏可能对装置是毁坏性的。这就是核聚变研究的最大难点之一。目前，破裂问题的重要性也已经被认识到。在将来的工程验证堆中，有必要将其控制在两年发生一次的水平。科学家们目前的对策是计划通过运行方案的优化加以回避，简言之，就是在其即将发生之前予以回避。

中国环流器新一号托卡马克装置

THE
CHAPTER
第五篇 5

托卡马克：屡建奇功，独占鳌头

T-3托卡马克的巨大成功，在国际上掀起了一股托卡马克的热潮，各国相继建造或改建了一批大型托卡马克装置。接下来，太阳小子带着大家走近那些曾经及正在为“人造太阳”的梦想做出巨大贡献的世界知名托卡马克。

世界首个大型托卡马克装置TFTR

20世纪50年代，美国实际掌握着世界顶尖科技在各个领域的话语权。而作为最早从事秘密核聚变研究的主要国家之一，美国核聚变领域的主要团队也有意将核聚变研究计划打造成继阿波罗计划之后的另一项伟大科学实验工程。

第一次石油危机的爆发给战后世界的工业领域一记重拳，尤其对于高耗能行业集中的美国而言是一个沉重的打击，但却送给美国核聚变研究领域一份大礼，因为政府对可替换能源的需求愿望达到了顶点。原计划逐步推进核聚变可行性实验的想法，已经不能满足美国核聚变领域研究者的需要了，他们迫切要求加快建设关键装置，进行更核心的具体实验，即将更多的资源从仅研究等离体子反应直接转移到建设一个可以进行氘-氚（D-T）反应的大型装置上。在多番权衡之后，美国选择了常青藤名校普林斯顿大学的普林斯顿实验室承建美国最大的托卡马克实验装置——托卡马克聚变试验堆（Tokamak Fusion Test Reactor，TFTR）。

延伸阅读：

阿波罗计划

（Apollo Program）

又称阿波罗工程，是美国1961—1972年组织实施的一系列载人登月飞行任务。目的是实现载人登月飞行和人类对月球的实地考察，为载人行星飞行和探测进行技术准备，它是世界航天史上具有划时代意义的一项成就。阿波罗计划始于1961年5月，至1972年12月第6次登月成功结束，历时约11年，耗资255亿美元，约占当年美国GDP的0.57%，约占当年美国全部科技研究开发经费的20%，提供了惊人的就业长期增长。在工程高峰时期，参加工程的有2万家企业、200多所大学和80多个科研机构，总人数超过30万人。其科技成果所带来的深刻影响，人类至今受益。

富有成效的冒险之旅

尽管得到了政府的大力支持，但是，相较于科学目标实现的难度而言，现有实验的科研经费依旧捉襟见肘。为了在经费有限的情况下尽快建成TFTR，巩固在世界顶尖科技领域的话语权，美国选择了保守的圆截面设计而非欧洲伙伴推荐的非圆截面设计，因为他们信奉自己的科学思维——装置越简单，就能越快完成建设，就能越快进行实验，且实验结果也越容易得到解释，节省研究成本，缩短实验周期。

TFTR装置设计造价3.14亿美元，大半径3.1米，小半径0.96米，磁场强度6特斯拉，等离子体电流3兆安，总加热功率50兆瓦。尽管已经选择了较为折中的办法，工程技术的难度还是让TFTR装置的开工时间比预期晚了1年多。直到1982年圣诞前一天，长达约5年的装置安装工作还是未能达到预期目标，但科研人员已经隐约看到胜利的曙光了，多数人期望能够在圣诞节到来之前实现首次运行。为此，所有的工作人员都“开足了马力”。在无数次的测试和调节后，平安夜的凌晨，在不规范的实验组装、简单的诊断系统、简易控制室配置等条件

TFTR托卡马克装置

延伸阅读：

圆截面和非圆截面

托卡马克装置采用圆截面或非圆截面设计，对等离子体性能具有非常重要的影响。非圆截面装置可以将等离子体在垂直方向拉长，以获得更大的等离子体电流，更好的约束性能，更高的核聚变功率。TFTR选择圆截面设计，后来被证明严重限制了装置的运行水平，导致TFTR不得不于1997年关闭运行。

下，TFTR装置主体功能基本具备，但是只有在验证了其可以产生等离子体电流之后，才能认定为装置完成。将实验原料氢气注入这个庞大装置的真空室，不久后，产生了第一束等离子体电流，TFTR由此成为当时正在建造的新一代核聚变研究装置中首个开始运行的大型托卡马克装置。美国大刀阔斧的核聚变推进速度终于见效，这也让美国的核聚变研究再次走在了世界前列。

屡创新高的实验结果

TFTR成功实现首次运行后，普林斯顿的科学家迫切希望能够尽快在TFTR上进行更多的实验，甚至是氘-氚核聚变反应实验。他们在短暂的休整后，1986年4月，TFTR用功率为16兆瓦的氘中性束注入氘靶等离子体，中心离子温度达到2×10^8开（相当于太阳中心温度的10倍），产生了10千瓦的核聚变功率，中子产额为每秒10^{16}个/厘米^3，创下了当时等离子体温度、核聚变功率的双项世界纪录。

延伸阅读：

核聚变功率

（Fusion Power）

由核聚变反应产生的功率，主要由中子及α粒子携带。

1993年12月9日是一个写入人类核聚变研究史册的日子，TFTR使用1∶1氘氚混合（50%氘+50%氚）燃料进行放电试验，虽然这一实验比欧洲伙伴晚了很多，但是第一次放电就产生了3兆瓦的核聚变功率，创造了当时的世界纪录，又一次后来者居上。在简单的准备后，第二天将这一峰值功率又提升到了5.6兆瓦，经过测试，本次实验的功率增益因子Q值达到了0.28，这是一个新的世界纪录。随后几年，TFTR成为第一个产生超过10兆瓦核聚变功率的装置，它在功率输出、最高温度和核聚变三乘积方面创造了多项纪录。1994年，实验中产生的有效氘-氚核聚变功率达到10.7兆瓦，仅次于欧洲联合环JET，位居世界第二。TFTR的芯部氘-氚等离子体性能已接近预测的氘-氚核聚变堆等离子体性能。

TFTR在氘-氚实验运行的3年期间，氘-氚等离子体相关研究取得了重大进展，在氘-氚条件下的等离子体约束、加热及α粒子物理的特有信息，以及实验环境中氚处理和氘-氚中子活化等方面积累了宝贵的经验。

延伸阅读：

功率增益因子：又称Q值，热核反应产生的功率与外部输入的加热功率的比值，即输出功率与输入功率之比。它是衡量核聚变反应装置核聚变效率的一个参数。Q值越大，代表输出功率越大，核聚变实现效果越好。

欧洲最大的核聚变合作项目，JET

翻开欧洲大陆的诸多传说故事，可以看到一个奇怪的现象：欧洲大陆国家众多，但是有关太阳神的描述却相对集中，主要形象只有赫利乌斯和阿波罗两位，客观反映出了欧洲大陆深层次的文化认同感，这促成了他们之间后来在政治、经济、文化、社会等诸多方面的通力合作，体现在核聚变领域，则让人类“人造太阳”的光辉第一次照亮了欧洲。

在1958年的日内瓦会议上，多国科研人员达成共识：可控核聚变的突破非一国之力能够完成。欧洲原子能机构主动扛起了合作发展可控核聚变的第一面旗子，设想通过举欧洲大陆之力，在2020年前后共同推出原型核聚变堆，最终目标是建造核聚变能商用堆，一劳永逸地解决困扰可控核聚变领域最核心的问题，至少要尽可能多地掌握核聚变领域的核心技术和知识。而体现合作诚意的第一步就是欧洲各国需汇集众力建设一个大型磁约束核聚变装置。尽管当时关于核聚变科学性的验证才刚刚站稳脚跟，在物理技术、工程技术等诸多方面都无法给出合理的解决方案，但是欧洲人给自己制定了极其超前的科学目标，因为他们不仅意识到这个领域所带来的“一本万利”的成果，也隐约感觉到了苏联、美国等同行的野心。

1968年，苏联在新西伯利亚向世界宣布自己的托卡马克装置T-3所获得的惊人成果，让欧洲的政治家及科研人员们产生了危机意识，他们开始紧密地团结在一起。1971年前后，他们将自己的研究方向和研究手段进行了重新梳理，借助多个联合实验室小型托卡马克装置的科学数据，欧洲原子能共同体迈出了合作发展的关键一步——建设一个接近核聚变堆参数的大型托卡马克装置。这个装置的核心任务在一开始就基本被确定，即获得接近核聚变堆状态和尺寸的等离子体并开展研究，据此预估下一步（实验）反应堆的参数、尺寸和工作状况，包括理论上较易探索但实际却相对较难的氘-氚反应，围绕能量投入产出这个可控核聚变的关键，解决一系列中心任务及周边难题。

1978年5月，经过长达10年的内部博弈后，欧洲共同体批准建设欧洲联合环JET（Joint European Torus），英国的卡拉姆成为建造场地的最终选择。英国作为东道主国家，除依照约定与多国共同承担80%的建设费用外，还承诺承担20%共同费用中的10%。

众人拾柴火焰高，JET开启创新模式

欧洲联合环JET是整个欧洲核聚变规划的一艘航空母舰，其概念设计和核心特点大大不同于20世纪70年代和80年代初期设计的其他大型托卡马克的概念和特点。非圆截面（D形）环向场线圈、真空室及大体积强电流等离子体是JET装置的独特之处。虽然JET的设计者都是欧洲核聚变领域的佼佼者，但是除了赴苏联参观并验证了T-3的实效，能够从苏联获得部分信息外，并没有多少大型托卡马克装置的建设经验可以借鉴。但在科研人员心里确定有一个基本科学理念：JET建造得越大，核聚变效果就会越好。JET设计的基本轮廓尺寸为直径15米，高12米，为了在有限的空间里实现等离子体温度的大幅提升，科研人员希望能在JET装置上获得更大的等离子体电流，为此，设计者们在工程设计中不断尝试新的想法。

雷巴特在工程设计方面的造诣极深，他经过多次对比和验证，摒弃了原有的圆形截面真空室的设计理念，坚持将真空室设计成D形截面，即非

JET D形截面真空室

TFTR 圆形截面真空室

圆截面，这是JET装置的独特设计，仅此一项设计就为后来核聚变装置的设计和建造提供了极高的参考价值。相较于传统的圆形截面，D形截面的设计更符合核聚变反应的理想实验模型。在对圆形截面实验装置的长期研究过程中发现，核聚变反应模型是趋于拉长了的圆形，更像是一个水滴形状，理想状态是一个大拉长比和大三角形变的等离子体运行轨迹，D形截面的设计在物理层面就符合这一要求。同时，D形截面能够承载更大的等离子体电流，更有利于实现核聚变反应。鉴于上述优势，在同等实验条件下，D形真空室的设计客观上实现了有效降低实验成本。

如此一来，JET的D形真空室截面看起来更像是一个接近1层楼高的苹果核，而不再是一个切开的甜甜圈，最终环向磁场线圈也改为32个D形线圈。JET参与者还细致地将装置内壁设计为更具有保护真空室主体和防止金属杂质混入等离子体功能的碳表面，这一设计后来也被其他大型装置借鉴。

作为当时国际上最大的欧洲核聚变合作项目，JET设计人员意识到必须有突破、有创新，才能匹配JET所担负的科学使命。为此，他们给JET设定的初始电流指标为3兆安。因为从理论角度而言，当托卡马克装置达到这个参数的时候，就能实现能量得失相当（输出的核聚变能和输入的加热能量相等），这是实现核聚变的重要目标之一。而这一指标远高于当时已经颇有名气的法国TFR和苏联T-4装置，那时最大的等离子体电流只有400千安左右，仅此一个参数就高了整整一个量级，即便是实力强劲的美国人，在这个指数面前也没有太大的信心。

在实际实验中，每一次JET脉冲所需的峰值功率都超过700兆瓦。因为从公共电网取出的电量功率是有限的，所以JET配备了两个飞轮储能发电机，每个飞轮发电机由直径9米、重775吨的转子组成，由8.8兆瓦电动机驱动飞轮至全速每分钟225转。当需要电能时，转子绕组被激活，使转子的转动能量转化为电能，这使转子转速慢化至全速度的一半。每个发电机能提供400兆瓦脉冲功率，这两个飞轮发电机组用来提供环向磁场绕组和欧姆加热绕组的峰值功率，从而成功地让JET的放电脉冲持续了10秒，并创造了当时的世界纪录。

欧洲联合环JET托卡马克装置

1983年6月25日，第一束等离子体产生，意味着JET正式开始服役。而半年后，装置等离子体电流就达到了预期的3兆安，速度之快令科学界叹为观止。1984年4月9日，英国女王伊丽莎白二世和法国总统密特朗专程出席并主持了JET的落成典礼，他们共同给所有欧洲国家政要和科研人员打了一针强心剂。他们提出：不管哪个欧洲国家，都不可能单独应付科学领域的国际竞争。现在，科学家们聚集在卡拉姆，其终极目标只有一个——可控热核反应，这个目标一旦实现，便会成为未来真正用之不尽的能源。

独特的加热配置，堪称巨无霸

延伸阅读：

欧姆加热

（Ohmic Heating）

又称焦耳加热（Joule heating）。电流流过电阻不等于零的等离子体，由于焦耳效应而加热等离子体的方法。

要实现核聚变，就必须将等离子体加热到上亿摄氏度，在现有条件下，仅靠单一手段想要实现可满足实验的加热目标是不可能的。为此，科学家们探索了一系列加热等离子体的可行手段，包括欧姆加热和辅助加热。欧姆加热利用了将电流通过电阻丝，电阻丝会发热的原理。然而，对于等离子体而言，随着温度的快速上升，等离子体电阻会越来越小，意味着欧姆加热的效率越来越低，仅依靠欧姆加热是远远不够的。辅助加热是实现核聚变及控制等离子体运行的必要工程技术，目前被认为最有效的辅助加热手段是中性束加热（Neutral Beam Injection，NBI），该加热手段将高能中性粒子注入等离子体，通过碰撞的形式将高能粒子携带的能量传递给背景等离子体。

JET配备了两套中性束注入系统，设计的最大加热功率为20兆瓦，1988年两条线全部投入运行，注入功率超过设计指标，达到21.6兆瓦。20世纪80年代可以说是世界核聚变研究的一个小高潮，1984—1987年，欧洲科研人员逐步把新的加热系统应用到JET装置上，到1988年，总辅助加热功率达25兆瓦，成功使等离子体的平均温度达到5000万摄氏度。在几年之内，JET又在辅助加热方面取得了长足的进步，通过中性束注入加热和射频波加热等方式，将等离子体加热到令人震惊的2亿摄氏度。然而，就像小型托卡马克装置一样，等离子体温度升高后约束反而变坏，始终无法实现高温度、高压力及合格的约束时间，又一盆冷水泼了下来。好在1986年，世界上首个带偏滤器的ASDEX装置在处理高温约束变坏上实现了重大突破，通过中性束加热结合偏滤器运行实现了高约束模（简称H模），极大提高了约束性能，这给JET提供了重要的理论参考。JET虽然刚开始没有设计偏滤器，但其D形真空室的空间允许补上偏滤器。1986年，JET新建偏滤器后，等离子体约束性能提升了2倍。后来JET经过升级，总加热功率超过了60兆瓦，运行时总供电功率大于200兆瓦，大部分直接取自高压电网。

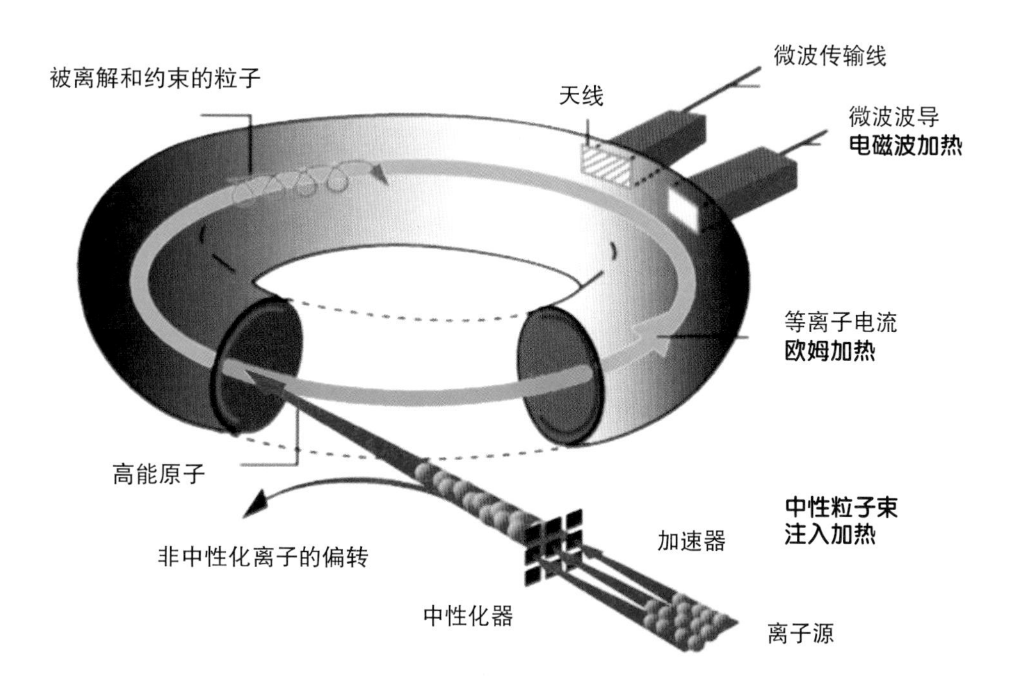

延伸阅读：

等离子体加热：等离子体电流有两个功能。只要产生等离子体电流就会加热等离子体，如同电流通过金属丝就会加热金属丝一样。这种加热称为欧姆加热（或焦耳加热），在早期的托卡马克中是非常有效的。但是，等离子体温度升高到一定程度后，它的电阻会变小，电流加热等离子体的作用也变得更小。用欧姆加热方法能达到的等离子体温度与核聚变所需的温度还有很大差距。因此，除欧姆加热外，为了将等离子体进一步加热，又发展了中性束加热、射频波加热、电子回旋共振加热、离子回旋共振加热、低杂波电流驱动等辅助加热手段。中性束加热是将高功率高能中性氘原子束注入等离子体，使其深入穿透到等离子体内，并在其中电离。电离后的束被捕获在磁场内，通过碰撞加热等离子体。中性束加热是目前为止加热效率最高、物理驱动机制最明晰的加热方式。

高约束模（H模）：把约束的等离子体比作一个沙堆，要实现核聚变反应，需要把等离子体参数提高，也就是要把这个沙堆堆得足够高。继续堆，沙子就要垮下来，在沙堆底面积不变的前提下，如何才能进一步把沙堆堆得更高呢？那就是用一块木板把周边围起来，挡住垮下来的沙子。其实，我们要实现高约束模运行，就是要让等离子体在边缘形成梯度很陡的垒，这样可以进一步提高它的温度和密度。磁约束核聚变实现自持燃烧的关键在于提高燃烧等离子体的核聚变反应效率，在托卡马克和仿星器装置中，实验发现当等离子体加热功率超过一定阈值以后，等离子体可从低约束模（L模）转换至高约束模（H模），H模能大幅提高等离子体的约束性能，芯部压强的升高可提高燃烧等离子体的核聚变反应效率。托卡马克高约束运行模式的最终目的是实现对等离子体的长时间有效控制，是实现受控核聚变最终目标的必经之路，可以大大降低下一代磁约束核聚变实验装置和将来的核聚变示范反应堆的规模和造价。高约束模（H模）也是国际热核聚变实验堆（ITER）未来的基本运行方案。

敢为人先，屡创第一

开展核聚变氘-氚反应实验是JET装置的核心使命，这一过程的结果被认为将直接影响到核聚变研究的实用价值。1991年11月，JET进行了人类历史上第一次大型氘-氚核聚变实验，早了美国同行2年之久。当科研人员将JET等离子体中的氚浓度从1%逐渐升高到10%时，能够明显看到核聚变功率升高超过了1兆瓦，达到1.7兆瓦，人类历史上首次实现核聚变功率输出，证实了在地球上实现可控核聚变作为先进能源的科学可行性，这是人类核聚变研究史上的一个里程碑。

氘-氚核聚变反应只有在具有严格的安全与安保措施的核设施中才可能实现，而所有的维护工作都必须由机器人完成。对于氚这种放射性元素，欧洲科学家比美国同行对于安全思考得更多，由于氚与反应堆结构部件上的原子碰撞时会产生潜在的放射性材料，随着时间的推移，实验装置内部就会充满放射性，这对于进入装置内部维修和改装的人来说无疑是致命的。欧洲联合环JET首创设计了远程维护系统，可以利用遥控的机械手从外部完成切割和焊接、抓取和移动、拆卸和安装、运输和放置、检测和巡视，以及污染物质的清除和控制等操作，这种设计方法让JET从一开始就消除了进行必要的氘-氚反应所带来的一大维修安全隐患，也给后来其他大型核聚变装置建设提供了借鉴。

JET遥控操作机器人维护内部件

作为欧洲最大的托卡马克装置，在ITER装置建成并投入运行前，欧洲联合环JET一直保持着3项世界纪录：

▶ 欧洲最大，也是世界上最大的托卡马克装置。

▶ 在人类历史上首次实现核聚变功率输出，证实了在地球上实现可控核聚变作为先进能源的科学可行性。

保持着核聚变产能的世界纪录。1997年，JET利用25兆瓦辅助加热手段，获得了16.1兆瓦核聚变功率，即核聚变能21.7兆焦耳的世界最高纪录。

JET作为世界上首个开展氘-氚核聚变实验的大型托卡马克装置，获得了第一手氘-氚核聚变等离子体实验数据，为人类开展可控核聚变研究提供了极其宝贵的经验和数据。尽管距离JET首次进行氘-氚核聚变实验已经过去了29年，但JET至今仍然在运行，成为迄今为止规模最大、运行时间最长、等离子体参数最高的装置。截至目前，JET仍在积极准备下一轮氘-氚核聚变实验，该实验将为人类正在建造的规模最大的人造太阳“ITER”开展氘-氚运行铺路。

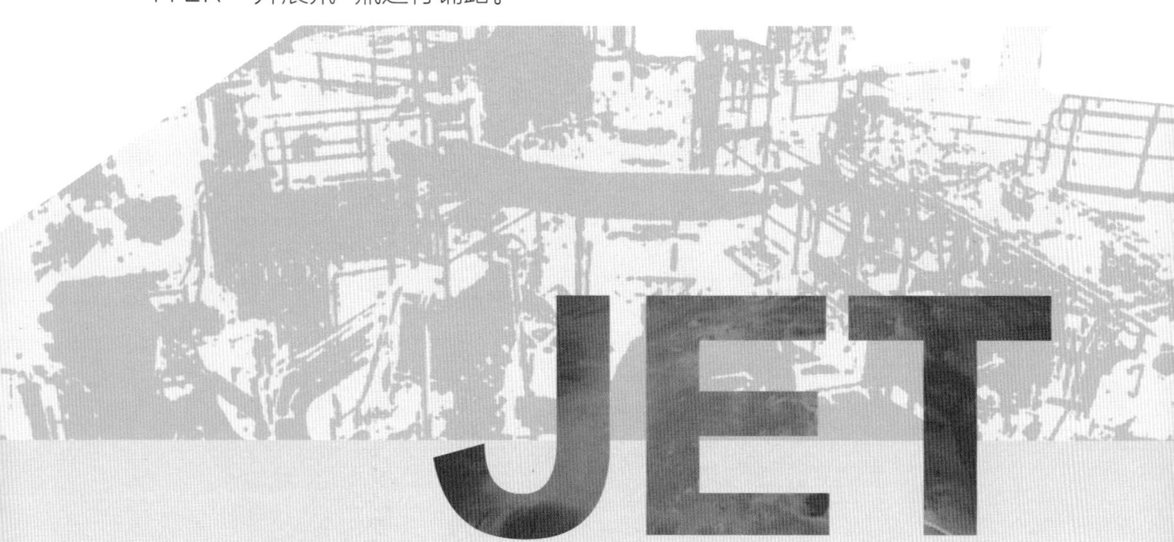

首次实现能量输出，日本JT-60

20世纪70年代，日本迎来了战后经济高潮，此时，可用于投入科研建设的费用也随之不断提升。根据日本核聚变研究开发计划，1972年，日本建立了国内第一台托卡马克装置JFT-2，日本核聚变领域开发第一阶段由此开启。JFT-2为大型托卡马克装置的建设探路，取得了很多有价值的科学数据，其能量约束时间达到了25毫秒，在同规模装置中“傲视群雄”。

极具日本特色的核聚变实验装置

1975年，日本在继续JFT-2实验的同时，开始根据国际核聚变研究的状况，筹划建设与JET尺寸相当的大型托卡马克装置，并行开启核聚变研究开发计划第二阶段，日本在核聚变领域的雄心壮志震惊了世界。与欧洲和美国筹备期间有多种候选方案比较，日本政府将本国大型托卡马克的研发直接交予那珂日本原子能研究所（Japan Atomic Energy Research

JT-60托卡马克装置

Institute，JAERI），并于1984年11月向全世界宣布，日本建成了自己的大型托卡马克装置JT-60（JAERI TOKAMAK），“60”代表该装置可以约束60米^{3}的等离子体，其设计直径为15米，主体高13米，和JET的大小相差无几，并且同样拥有一个D形（非圆）等离子体截面，总重量超过5000吨，最大等离子体电流为2.7兆安。

之所以说JT-60是极具日本特色的核聚变实验装置，是因为日本宪法有禁止使用氚的明确规定。因此，JT-60并不是以氘-氚实验为主要研究方向，而是另辟蹊径，是以实现临界等离子体条件（功率增益因子Q超过1）为目的的大型托卡马克点火装置，其研究重点放在了如何达到临界等离子体条件；实现$Q \geq 1$时，研究获得稳定等离子体和确定等离子体的控制方法；针对性开展的实验也不再是氘-氚实验，而是氘-氘反应实验。JT-60于1975年投入设计，1978年开始建造，共耗资2300亿日元（约153亿元）。装置主要由环形真空室、环向场线圈、极向场线圈、线圈非磁性支架、大抽速真空抽气机组、气体注入装置、预电离装置、供电系统、反馈控制系统和诊断系统等组成，重点采用中性束注入加热和射频波加热两种加热手段。

JT-60于1985年4月8日运行并成功产生第一个等离子体，与TFTR、JET一起被列为世界三大托卡马克，1986年1月，JT-60在短暂修整后，将二级加热设备提升到14台中性粒子注入加热装置、4台高射频加热装置，单项温度指标显著提升，最大的亮点在于科研人员通过高速将氢靶冰丸注入等离子体，有效提升了等离子体密度这个关键值，从而获得了极高的回报。

后来居上，更上一层楼

运行初期，JT-60装置的主要参数与JET和TFTR比较还落后了一大截。JT-60的实验人员推测，如果能将等离子体电流提高一倍，其获得的参数将会更加接近JET和TFTR。1989年下半年，JT-60开始改造，重点升级了偏滤器结构，进一步提升装置性能。尽管科研人员希望能在尽可能不改变原有装置的情况下进行改建，但是，这次的改造更像是结合实际需求的一次彻底的整修，仅仅偏滤器这一项改建，就几乎将原有设计推翻。在改建过程中，日本科研人员也顺势将内壁改造为与JET一样的全碳瓦覆盖，等离子体电流提升到了6兆安，等离子体体积也从60米^{3}提升到了100米^3，改造后的装置起名JT-60U，主要用于开展约束性能改善和稳态化研究，为未来原型堆设计提供重要的数据支撑。

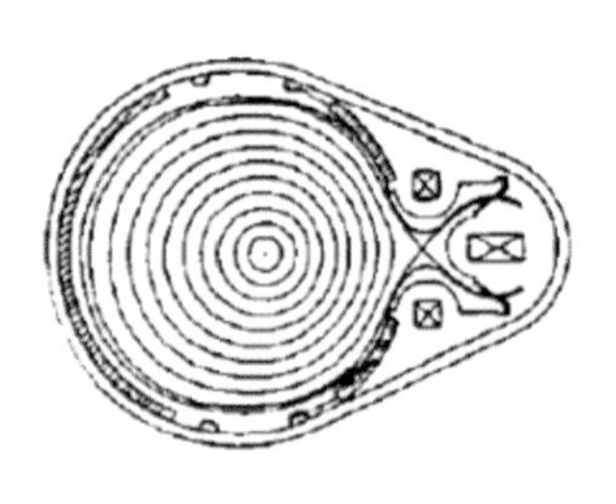

JT-60, 1985年
大半径/小半径= 3米/0.95米
等离子体电流 = 3兆安
体积　60米^3

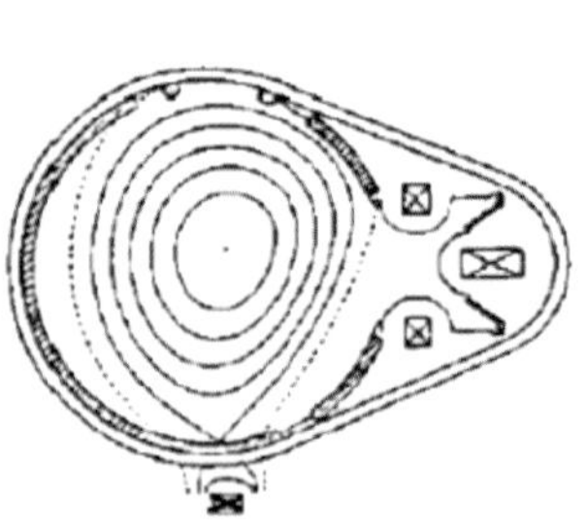

JT-60, 1987年
易于获得H模
体积　60米^3

JT-60U, 1991年
大半径/小半径= 3.4米/1.1米
等离子体电流 = 5兆安
体积　100米^3

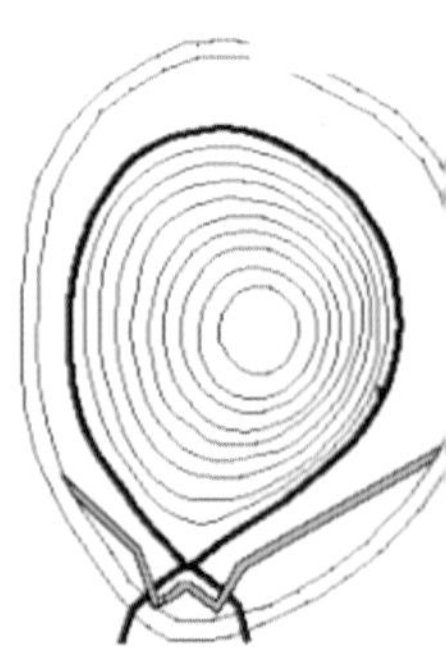

JT-60U
带挡板的W形偏滤器
体积　100米^3

JT-60U装置截面形状的不断优化和改进

这次升级改造带来了立竿见影的效果，JT-60U于1991年3月开始运行，成功实现了高约束模（H模），等离子体性能也显著改善，其他各项性能与JET相差无几。1992年10月底，JT-60U装置的离子温度创下世界最高纪录，达到了38千电子伏（4.4亿摄氏度），远超过实现核聚变堆所需的10千电子伏数值，核聚变三乘积达到了4.4×10^{20}千电子伏·秒·米^3，仅次于JET装置。科研人员接下来的主要目标就是准备氘-氚实验了。

氘-氘实验见真功，“人造太阳”不是梦

人类在地球上最容易实现的核聚变反应是氘-氚核聚变，但是氚作为重要军事战略物资，其使用受到日本法律的限制，因此即便JT-60U的科学家想开展氘-氚核聚变实验，在法律上也是不被允许的。既然不允许使用氚，日本的科学家们最终决定利用氘作为燃料开展核聚变实验，尽管氘-氘核聚变反应实现条件更加苛刻，日本科学家们也没有放弃。

功率增益：指输出功率与输入功率之比。

JT-60投入运行及改造升级成JT-60U以来，在功率增益因子、等离子体温度及核聚变三乘积等方面均获得了国际最高数值。1995年10月31日，日本科学家在JT-60U装置进行的氘-氘实验中，1秒钟内核聚变反应进行了450万次，输出50千瓦核聚变功率。1998年6月25日，日本再次向外宣布，JT-60U装置取得了可控核聚变研究的最好成绩，获得了核聚变反应堆级的等离子体参数：峰值离子温度45千电子伏，电子温度10千电子伏，等离子体密度10^{20}/米^3；核聚变三重积1.5×10^{21}千电子伏·秒·米^3；等效能量增益因子大于1.3，世界核聚变界为之震撼。

至此，JT-60U成为世界上第一个实现功率增益因子Q大于1的装置，意味着该装置的输出能量大于输入能量，突破能量收支平衡，这是核聚变反应堆进入实用化不可缺少的条件，因为只有在实现输出核聚变功率大于输入的加热功率后，核聚变反应才能不依靠外界输入能量就能持续进行。JT-60U的这一成果也被认为是人类最接近实现可控核聚变的重要成果。

世界第一个超导托卡马克，T-15

1968年8月，在新西伯利亚召开的第三届IAEA等离子体物理和可控核聚变研究国际会议上，由苏联科学家阿齐莫维奇公布的托卡马克T-3最新实验结果震惊了世界。随之在国际上掀起了一股托卡马克研究热潮，各国相继建造或改建了一批大型托卡马克装置。而苏联人也在不断地进行着自己的一轮又一轮的托卡马克装置更新。

由库尔恰托夫研究所研制的T-15再次引起了世界各国的关注，T-15是世界上第一个拥有Nb_3Sn超导磁体系统的托卡马克，占地总面积约为15 000米²。与美国的TFTR、欧洲的JET、日本的JT-60一起，曾名列世界四大托卡马克装置行列，对此后核聚变研究方向产生了重大影响。

T-15托卡马克装置

T-15等离子体体积大，拥有大功率的辅助加热系统、等离子体柱平衡的自动控制系统和广泛使用计算技术的实验自动化成套装置。第一壁材料为不锈钢，磁通变化15伏·秒。T-15电磁系统和放电室位于共同的恒温真空容器中。装置外形直径为10.9米，高11米，重1500吨。装置本身位于厚1米的重混凝土生物防护层中。为了减少防护层外部的辐射，装置顶部加了厚30厘米的聚乙烯罩。装置附近是高频加热系统、氮液化器及注入器低压电源系统。

T-15在1988年产生首个等离子体，演示了磁场的稳态运行工况，但是没有完全按设计指标运行，受限于国内政治、经济局势影响，只运行了100炮，由于经费问题关闭，后改建成T-15MD。彼时，由于混乱的国内形势，许多科研人员已经无力去推动如此庞大工程的开展，一个可能会影响到未来人类能源的重大装置就此画上句号。

群雄逐鹿，完成科学可行性验证

延伸阅读：

自持反应/自持燃烧： 核聚变反应可依靠核聚变产物携带的能量维持等离子体燃烧，而不再需要外部持续加热。只有实现自持燃烧，方可实现核聚变能的有效输出和利用。

TFTR、JET、JT-60等“人造太阳”神器承担着人类迈向受控核聚变研究的重要使命，推动着人类不断迈向可控核聚变研究的伟大目标。其中，TFTR和JET的氘实验取得的重要科学成果，直接演示了核聚变功率，观察到来自氘-氚反应的高能阿尔法粒子对等离子体的加热。在JET装置上，阿尔法粒子加热功率为3兆瓦，而中性束外注入加热功率为 20兆瓦。虽然还没有达到自持反应，但这是一个对阿尔法粒子加热原理的令人鼓舞的演示。人们曾经担心，某些不能预料

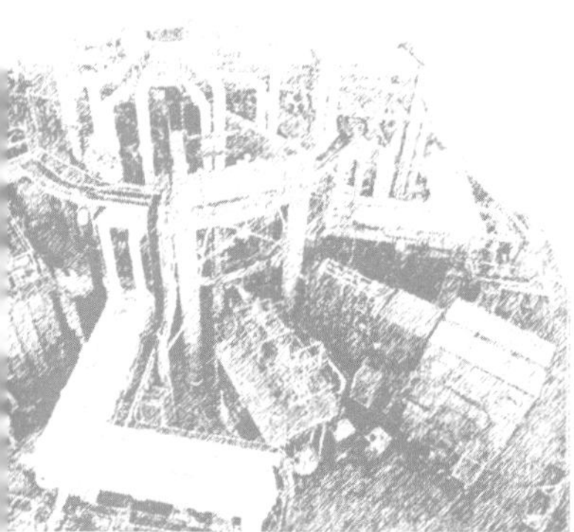

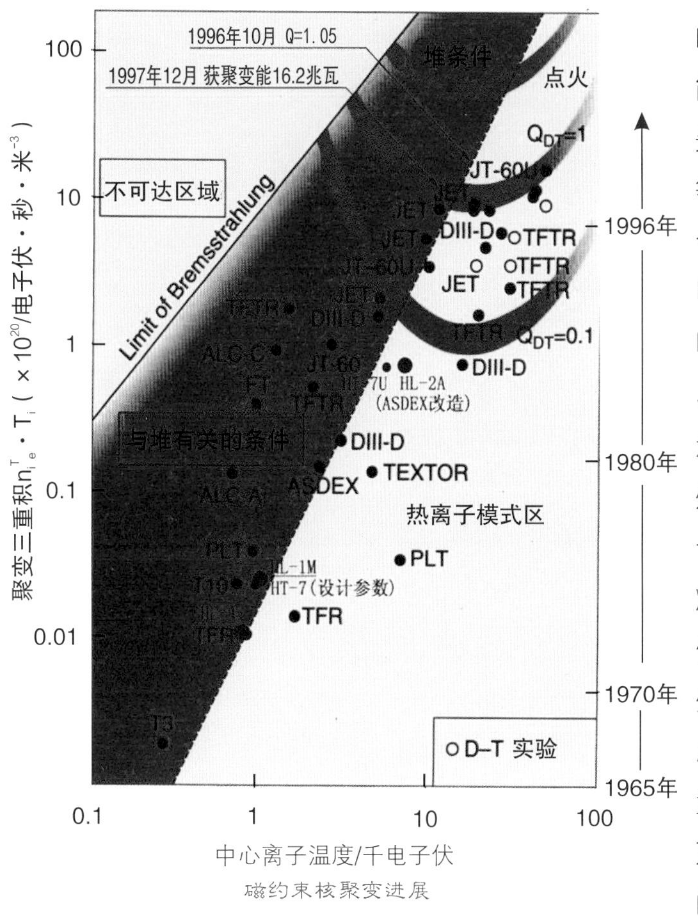

磁约束核聚变进展

的效应可能引起高能阿尔法粒子的损失快于它们的加热等离子体。但是，令人鼓舞的数据表明，氚的能量约束时间稍好于氘。JET是世界上第一个进行氚闭合循环和处理系统实验的托卡马克装置。未经燃烧的氚可以重复使用多次。除此之外，1982 年，德国 ASDEX 托卡马克装置上首次发现高约束放电模式，美国的DⅢ-D同样为提高先进托卡马克的研究水平做出了突出贡献。以JET、TFTR、JT-60等托卡马克装置为代表的磁约束核聚变研究取得的突破性进展，宣告了以托卡马克为代表的磁约束核聚变研究的科学可行性在实验上已经得到了证实，已经奠定有可能考虑建造核聚变实验堆，创造研究大规模核聚变的条件。

THE
CHAPTER
第六篇 6

中国智慧：追梦“人造太阳”

从确定托卡马克装置为主要研究方向到中国第一个小型托卡马克装置的诞生，再到中国环流器系列装置的腾飞、EAST东方超环的登场……中国人的核聚变探索之路从未止步。接下来，让太阳小子带你一起踏上这条令所有中国人骄傲的逐日之路。

夜空上的“明星”，照亮中国核聚变研究方向

在无数科学家的奉献与传承下，中国核聚变研究发展从无到有、从弱到强，从中国走向世界。以梦为马，不负昭华。钱三强、王淦昌、李正武、胡济民、王承书……无数科学家像夜空闪耀的明星，照亮了中国核聚变研究前进的方向。

代号“大能量”，中国科学家在行动

我国核聚变研究酝酿于20世纪50年代，在国际核聚变解密之前，我国科学家已经在密切跟踪国际上核聚变研究的进展。当时，刚刚从美国回来不久的钱三强、李正武等科学家，在中国率先倡导开展“可控热核反应”（即“可控核聚变”）的研究，建议将核聚变研究列入国家“12年科技规划”，并以“大能量”作为代号。“12年科技规划”是新中国的第一个科学技术发展规划，规划指出“现在人们已经能够利用铀、钍等原子核内所蕴藏的能量来发电了，不久还将进一步学会利用水里的重氢的核子聚变作为动力的来源”。

延伸阅读：

铀：原子序数为92的元素，其元素符号是U，是自然界中能够找到的最重元素。在自然界中存在3种同位素，均带有放射性，拥有非常长的半衰期（数10万年至45亿年）。呈银白色，具有硬度强、密度高、可延展、有放射性等特征。

他们开启了中国核聚变元年

从1958年开始，我国可控核聚变实验研究在中国科学院物理研究所和北京原子能研究所（现为中国原子能科学研究院）相继展开。历经半个多世纪的发展，先后研制了多种类型的磁约束核聚变研究装置，如脉冲磁镜、角向箍缩装置、仿星器、超导磁镜和托卡马克。中国科学院物理研究所陆续建造了一个直线放电装置和两个角向箍缩装置。1958年，北京原子能研究所建成了一台Z（泽塔）箍缩装置，取名叫“雷公”，储能几千焦耳，电容器是向军队紧急求助，从战备物资中调用的。1958年因此被视作中国可控核聚变等离子体物理研究的元年。时任二机部副部长兼北京原子能研究所所长钱三强亲自带头，组建热核聚变研究室，即14室，调集王承书、钱皋韵、忻贤杰、左湖等4位专家负责筹建，并由王承书主持14室的核聚变研究工作。王承书和李正武先后担任这一研究室负责人。当时先建立理论、实验、电气、真空4个组，调集人员，筹集器材，一些所需专用器材，如高速示波器、真空设备、高电压设备、粒子探测仪器等，则发紧急订货单向苏联采购。虽然核聚变研究在国际上已解密，但在当时的中国，依然被列为绝密项目。新参加该项工作

延伸阅读：

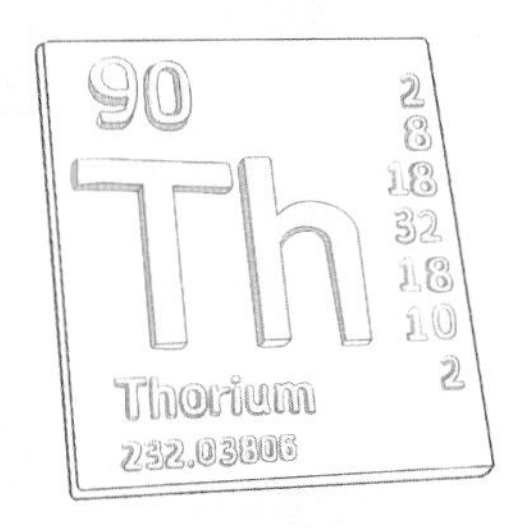

钍：原子序数为90的元素，其元素符号是Th，是一种放射性金属元素，带钢灰色光泽，质地柔软，化学性质较活泼。钍经过中子轰击，可得铀-233，因此它是潜在的核燃料。钍广泛分布在地壳中，是一种前景十分可观的能源材料。

的大学生须做保密宣誓。1959年5月，北京原子能研究所的王承书、钱皋韵和厉斌方3人，根据中苏两所协议，被派往苏联莫斯科的库尔恰托夫研究所，在阿齐莫维奇院士领导的核聚变部访问3个月，当时王承书就在沙弗拉诺夫领导的理论组工作。沙弗拉诺夫也是核聚变研究的奠基人之一，他解决了环状磁约束等离子体的平衡问题，沙弗拉诺夫和美国的克鲁斯卡尔（Kruskal）导出了最重要的一种等离子体不稳定性，即扭曲不稳定性的判据。钱皋韵在奥格拉组和另一个托卡马克组工作，厉斌方分配至列宁格勒电物理设计院。回来时，钱皋韵带回了一些8毫米微波设备，这是国内毫米波诊断最早的物质基础。王承书则在回国的火车上用7天工夫翻译了美国核聚变计划《雪伍德方案》（*Project Sherwood*）一书。与此同时，钱三强组织了北京地区的协作，组织学习有关知识，培养学术骨干。1959年，我国第一台

延伸阅读：

王承书
（1912—1994）

湖北省武昌人，核物理学家，气体动力学和铀同位素分离专家，中国科学院学部委员，中华人民共和国核工业部研究员，科学技术局总工程师。1934年毕业于燕京大学物理系；1941年留学美国；1944年获得密歇根州立大学研究院物理博士学位；1956年回到中国；1958年被调到北京原子能研究所热核聚变研究室从事理论工作；1980年当选为中国科学院学部委员（院士）。王承书在美国期间主要从事气体动理学理论的研究，回国后先后从事受控核聚变、等离子体物理、铀同位素分离等研究。

非台面核聚变实验装置——脉冲压缩磁镜装置“小龙”（当时又称“磁笼”）建造成功，并且一直运行至1969年才关闭，14室的专家学者们为确立我国可控核聚变初创时期的研究方向做出了重要贡献。

磁镜装置“小龙”

在中国核聚变研究初期，学术交流活动非常活跃。1959年12月，钱三强在北京主持召开了全国第一届有关核聚变研究的学术会议，当时为保密起见，称为“全国电工会议”。会议讨论了我国开展核聚变研究的规划，建议中国科学院西安光学精密机械研究所继续发展高压脉冲放电箍缩装置，其装置代号为“201”。北京原子能研究所重点开发技术要求较高的仿星器装置，其研制装置名称为“凌云”。黑龙江省原子核物理所由于地处全国最大的电机工业中心，重点开展对供电设备要求较高的稳态磁镜的研究，计划建造的装置代号为“202”。会议同时确定由北京原子能研究所承担人员培训任务，从此我国的可控核聚变研究有了统一的规划和部署。

“第二届全国电工会议”合影

在此期间，中国科学院的一些研究所，如物理研究所、电工研究所、力学研究所，以及西安光学精密机械研究所，也着手开展理论或实验研究。其中，物理研究所的工作是由孙湘(1915—1999)领导的，孙湘是李

延伸阅读：

孙湘
（1915—1999）

江苏无锡人，1948年留学美国，1953年获洛杉矶南加利福尼亚大学物理学博士学位，1955年回国。历任中国科学院物理研究所研究员，核工业西南物理研究所副所长、研究员，第三届全国人大代表。参与可控热核聚变实验研究，成功研究核爆炸（裂变）光学测试仪器。领导建立了我国2米真空紫外光栅摄谱仪，开展了真空紫外区光谱的研究工作。是我国较早参加可控核聚变实验的科学工作者之一，筹建了核工业西南物理研究所等离子体诊断实验室，为核聚变等离子体诊断创造了条件。

正武先生的夫人，1955年与李正武先生一起从美国回国，1956—1958年在物理研究所从事真空紫外光谱研究，曾研制成功我国第一台真空紫外光谱仪。在此工作基础上，从1958年开始了以可控核聚变为目的的高温等离子体物理研究。她领导的小组先后研制了Z（泽塔）箍缩和角向箍缩类型的放电实验装置，进行了物理研究，他们关于角向箍缩装置的研究论文于1965年在《物理学报》上发表。1960年左右，东北技术物理研究所先后建成了角向一号和角向二号两台角向箍缩装置。因为热核聚变中子首先是在角向箍缩装置上观察到的，所以20世纪60年代国际上掀起了角向箍缩的研究热潮。

1962年1月，在哈尔滨召开了“第二届全国电工会议”，出席会议的有李正武、孙湘、胡济民、卢鹤绂、忻贤杰等人，重点听取了“凌云”和“202”等装置的设计方案。这年12月，国家科委组织编写了中国《1963—1972年科学技术发展规划纲要》，其中明确指出“基本粒子物理和等离子体物理的研究具有长远的重大的意义，应积极支持，使这两门学科能够稳步地赶上国际水平”。

齐力逐梦，开创未来

从20世纪70年代末开始，我国的核聚变研究转向了托卡马克装置。1974年，中国科学院物理研究所建成了我国第一个小型托卡马克装置CT-6。CT-6B是其在1978年的升级版，于2000年关闭。1984年，核工业西南物理研究院成功研制中国环流器一号（HL-1）托卡马克装置，这是一台带导电壳的铁芯变压器托卡马克。同年，中国科学院等离子体物理研究所研制成功空芯变压器托卡马克HT-6M装置。1991年，中国科学院等离子体物理研究所将苏联的T-7装置改建为我国第一台超导托卡马克HT-7。1994年，核工业西南物理研究院将HL-1升级为HL-1M。2002年，核工业西南物理研究院将原来德国的ASDEX装置改建为HL-2A装置。中国科学院物理研究所和清华大学合作，建成一台球形托卡马克SUNIST（Sino-United Spherical Tokamak）。华中科技大学将美国的TEXT装置引进国内，更名为J-TEXT装置。2006年，中国科学院等离子体物理研究所又自主设计研制了世界上第一台全超导托卡马克装置——“东方超环”（Experimental Advanced Superconducting Tokamak，EAST）。

CT-6

J-TEXT（2007年）

SUNIST（2002年）

HT-7（1991年）/
EAST（2006年）

HL-1（1984年）/ HL-2A（2002年）

CT-6（1974年）

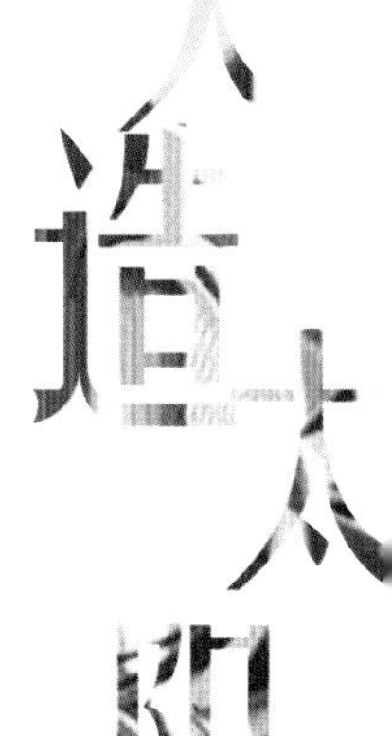

闪耀的环流神器，中国核聚变研究史上的重要跨越

HL-1：首个中国“人造太阳”实验装置

中国环流器一号（HL-1）

中国环流器一号（HL-1）装置是20世纪80年代在位于四川乐山的我国第一个可控核聚变专业研究中心自主设计建造的第一个中型托卡马克实验装置，被誉为中国首个“人造太阳”实验装置。

▶ 协同攻关，打造大科学装置

1969年，二机部585所按照“打基础，创条件，小规模、多途径探讨”的方针，上报十二年科研发展规划，同时在规划后附了一个七年跃进规划，核心就是集中力量在受控核聚变研究领域搞托卡马克。根据时任二机部领导的意见，该十二年规划被送到二机部，七年跃进规划送到国务院国防工办，国防工办认为这是个好的思想，马上又上报到国家计委，国家计委立即将其列入计划，对后来国内的托卡马克建设起到了积极作用。周恩来总理一贯重视基础理论研究，他在听取有关开展可控核聚变研究的情况汇报时表示：中国科学院必须把基础科学和理论研究抓起来，同时又要把理论研究与科学实验结合起来。这是国家领导人对我国开展受控核聚变研究的直接重要指示。中国环流器一号装置方案1970年由585所提出，1971年7月完成装置的技术设

“451工程”实验大楼施工现场

计，并上报二机部。二机部以“451工程”为代号向国家科委、国家计委申报立项。二机部第七设计院和585所组成的设计团队担任了“451工程”的设计，当年10月6日，“451工程”获得国家计委批准，后命名为中国环流器一号，即HL-1装置。中国环流器一号位列国家第四个五年计划的第一项内容，属国家“四五”重大科学工程项目，1973年9月完成设计。设计中采用的主要设备，如主机、大型飞轮发电机组都属于国内首次采用，需要专门设计、研制，而且大多数结构、材料特殊，加工困难。其他国内已有产品的技术指标不能满足工程要求，需要另行研制或改进。工程的“非标”设备高达1074件。在二机部的直接领导下，585所和二机部27公司、23公司、第七设计院、大连523厂等单位共同努力，前后共经全国十几个省、市、工业部，近百个厂、所、校的大力协同，终于在1984年8月建成了中国第一个中型托卡马克装置——HL-1。装置部件除大型交流脉冲飞轮发电机组转子锻件是向国外订货以外，其余都是和国内企业合作攻关完成的。几乎每一个“非标”设备的研制都是参与人员边干边学，克服重重困难，不断试验改进才得以完成的。例如，内外真空室就设计

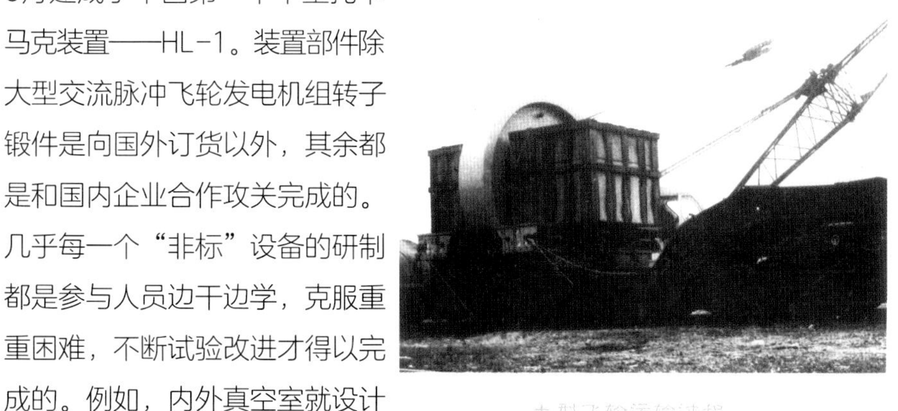

大型飞轮运输过程

出图纸3400多张，制造了110多套工装，进行了32项中间试验。

HL-1是一台具有中等规模的有导体壳的圆截面托卡马克装置，它的核心部分为主机。主机好似一个巨大的螃蟹有很多脚支撑，它由环向场线圈、内外垂直场线圈、内外真空室及其抽气机组、铁芯变压器和底板底座等主要部件组成。环向场线圈可以在等离子体中心产生5特斯拉的强磁场，用以稳定等离子体。内外垂直场线圈所产生的磁场形成一个磁笼子，将等离子体包裹在内，从而达到约束等离子体的作用。等离子体在真空室中产生。抽气机组用于对真空室进行高真空抽气。铁芯变压器的作用是产生等离子体，并加热等离子体到足够高的温度。根据物理实验的要求，主机必须能在同向(环向场与等离子体电流方向相同) 和反向两种方式下运行。首先，为了满足放电清洗内真空室的要求，采用偏磁电源对环向场线圈稳态供电，脉冲电源对偏磁线圈供电，以产生环向电场。其次，在放电清洗时，要求内真空室能保持80摄氏度的热壁温度，这对主机的工作方式提出了一些专门要求。中国环流器一号共有7套供电系统，它们对主机各线圈进行供电。

对核聚变实验装置来说，设置诊断窗口是十分重要的，诊断窗口用于观察、测量等离子体的状态。HL-1由于环向场线圈结构尺寸较大，因而限制了有效窗口面积。此外，内垂直场、导体壳、上下屏蔽板，以及坚固的底座等特殊结构，再加上真空抽口，全部设置在窗口管道上，使得所有窗口都必须配置在远离等离子体中心的地方；窗口小而少，而且无一个窗口可以看到完整的等离子体截面，给诊断带来了很大困难。为此，科研人员研制了多种等离子体诊断方法，并取得了优异的实验研究成果。HL-1

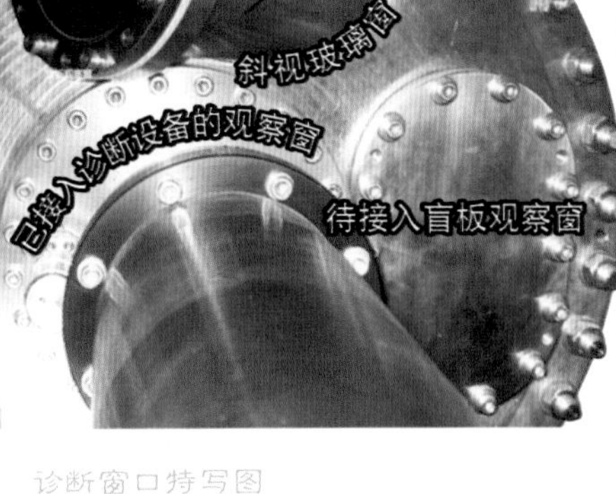

诊断窗口特写图

诊断系统根据所测物理量可分为电磁测量、电子密度测量、电子温度测量、离子温度测量、辐射损失测量、杂质探测、边缘等离子体测量、等离子体稳定测量、逃逸电子测量等9种，另外，还有数据采集与处理系统和诊断辅助系统。诊断方法大致分为两类：第一类为基本诊断方法，主要用于测量等离子体的基本参数，包括电磁测量、单道微波干涉仪、单道氰化氢干涉仪、单脉冲单点激光汤姆生散射仪、软X射线脉冲高度分析器、电荷交换中性粒子分析器、X射线弯晶谱仪、光谱测量、单道测辐射热计等；第二类是满足一些物理实验需要的特殊测量方法，包括时空分辨光谱测量、多道氰化氢干涉仪、快速扫描麦克尔逊干涉仪、软X射线成像系统、多道测辐射热计、单脉冲多点激光汤姆生散射系统、静电探针阵列、锂束探针、多道氰化氢极化干涉仪、激光吹气技术、红外成像仪等。

延伸阅读：

诊断窗口：在核聚变实验装置的真空室四周开设的观察孔，针对不同诊断需求此观察孔分为玻璃观察窗类型和真空闸阀类型。在核聚变实验装置中，测量等离子体各种参量的方法称为等离子体诊断。等离子体诊断包括测量等离子体发射的电磁波或粒子。通过对等离子体产生辐射的测量，可了解电子温度、离子温度、杂质、逃逸电子等信息；通过对等离子体发射粒子的测量，可了解中子、中性粒子、离子温度等信息，还可测量等离子体的电压、电流等电磁信号；除去直接测量外，还可通过由外界送入电磁波、粒子束等来进行测量。例如，利用激光散射法来测量等离子体的电子温度、离子温度和密度分布；通过中性粒子束衰减可测密度；由重离子束可测密度分布、磁场分布、电势分布等。

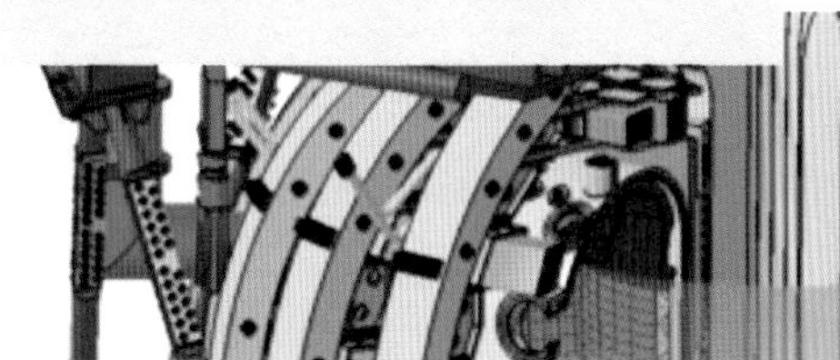

▶ 建成运行，中国核聚变迈上新台阶

HL-1装置于1984年建成并投入实验运行，1985年11月通过国家验收，它的建成是“六五”期间我国科技领域一项重大研究成果。HL-1是我国受控核聚变研究史上的一个重要里程碑，建成之初即被评为1985年我国十大新闻和十项重大科技成就之一。1987年，“中国环流器一号研制”项目获得国家科学技术进步奖一等奖，这是我国磁约束核聚变领域首次获得的国家科学技术进步最高奖项。HL-1装置的成功建造与运行，为我国自主设计、建造和运行核聚变实验研究装置积累了丰富的经验，培养了相关技术及实验运行的人才队伍，为我国核聚变研究从原理探索到大规模装置实验的跨越发展奠定了坚实的科学与工程技术基础。

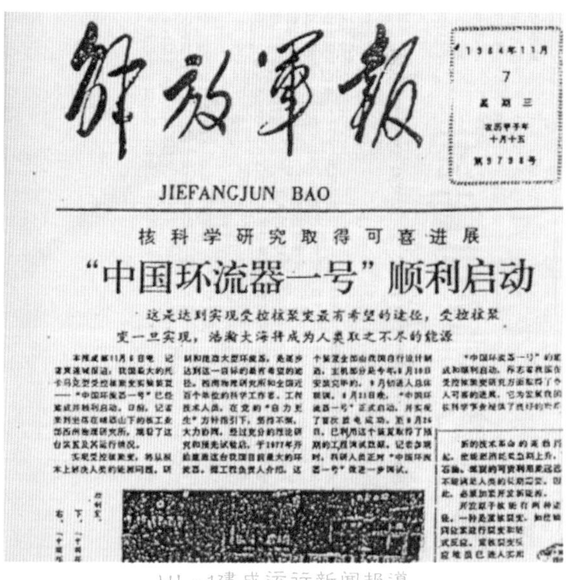
解放軍報
JIEFANGJUN BAO
1984年11月 7 星期三

核科学研究取得可喜进展

“中国环流器一号”顺利启动

这是达到实现受控核聚变最有希望的途径，受控核聚变一旦实现，浩瀚大海将成为人类取之不尽的能源

HL-1建成运行新闻报道

1994年，HL-1装置成功完成技术改造，建成中国环流器新一号（HL-1M）装置。经过重新改建，装置各项参数均有明显提高。真空室结构由原来的双层改成了单层厚壁真空室；在无导体壳的情况下，采用了先进的托卡马克等离子体平衡反馈手段；诊断实验窗口由原来的23个增加到

54个，增强了装置的可近性，为进行深入物理实验、辅助加热及电流驱动试验奠定了基础。HL-1M装置的目标是开展强辅助加热、低杂波电流驱动和弹丸注入加料等关键技术的研究和上述多种辅助系统组合作用及高功率、高密度下的等离子体约束、杂质控制、边缘等离子体物理等国际核聚变研究前沿课题的探索与研究。依托于国家“863”计划，HL-1M建设并完善了等离子体中性束辅助加热系统、低杂波电流驱动系统、多发弹丸加料与排灰系统等设备。

由于HL-1装置是20世纪70年代初设计的，装置的可近性与灵活性存在固有缺陷，窗口少而且小，严重影响到诊断的提高和二级加热的进行。改建后的HL-1M装置拆去了原来用于反馈控制的大铜壳，大大增加了实验用的窗口，使之可更灵活地开展各种物理研究，同时改进了加热和诊断系统，发展了总功率3兆瓦的辅助加热及电流驱动系统、先进加料系统、大型数据采集与处理系统，离子温度和电子温度分别达到0.87千电子伏和1.8千电子伏。研究发展了先进的弹丸注入系统和国际首创的超声分子束注入加料技术、等离子体电流和等离子体平衡的计算机反馈控制技术，以及一整套由多种先进壁处理技术构成的杂质与再循环控制技术，使HL-1M装置拥有国际先进装置具备的各种运行、实验和研究手段。

延伸阅读：

“863”计划：“国家高技术研究发展计划”，简称“863”计划。该计划是科学家的战略眼光与政治家的高瞻远瞩相结合的产物，凝练了我国发展高科技的战略需求。1986年，国务院组织了全国200多位科学家对计划建议进行了大半年的论证，在我国科学技术需要急起直追的年代，“863”计划的实施有力推动了我国高技术的进步。

延伸阅读：

加料：为核聚变等离子体提供所需燃料。在磁约束核聚变装置中，弹丸注入（Pellet Injection, PI）、普通送气（Gas Puffing, GP），以及超声分子束注入（Supersonic Molecular Beam Injection, SMBI）是3种主要的加料方式。其中，超声分子束注入（SMBI）首先由核工业西南物理研究院姚良骅研究员提出，并在HL-1装置成功演示，然后广泛用在HL-1M、HL-2A装置及其他装置，如HT-7、W7-AS、Tore Supra、ASDEX Upgrade、Heliotron J、JT-60U和LHD，主要原理是利用高压气体通过拉瓦尔喷嘴进入真空室形成超声分子束进行加料。

改建后的HL-1M装置运行参数逐年提高，最高达到等离子体电流320千安、环向磁场2.8特斯拉、等离子体密度1×10^{20}个/米^3、等离子体存在时间达4秒，装置实验水平处于当时国内同类装置最高水平，达到国际上同类型同规模装置的先进水平。HL-1M装置成功地开展了7轮大规模物理实验，完成了400多项课题研究，取得了一批创新性的研究成果，在国内外重要学术刊物上发表成果论文260多篇，获国家级和省部级科学技术进步奖

中国环流器新一号（HL-1M）

140多项，受到了国内外同行的广泛关注。其中，HL-1M装置研制与实验成果分别于1987年、2001年获国家科学技术进步奖二等奖和国防科学技术奖一等奖，专家评议会认为“取得了一批具有特色的达到国际先进水平的实验成果，使我国的核聚变实验研究水平又迈上了一个新台阶”。

以HL-1M装置为主体建成的中国核聚变博物馆，成为全国核科普基地、四川省科普和爱国主义教育基地。2018年， HL-1M装置入选首批国务院国资委中央企业工业文化遗产名录。2019年10月16日，在HL-1M装置原址修建的中国核聚变博物馆入选国务院第八批全国重点文物保护单位。

HL-2A：首个带偏滤器的中国磁约束核聚变实验装置

▶ 吸收引进，跟踪前沿

为促进我国核聚变研究事业的快速发展，根据国家核聚变研究规划，核工业西南物理研究院在“九五”期间开始进入中国环流器二号A（HL-2A）装置的建造。为跟踪国际核聚变发展中的前沿性科学技术，在装置建造和装置实验中更深层次参与国际合作，节约经费和缩短建设时间，核工业西南物理研究院向国家提交报告，建议引进并利用德国先进的ASDEX装置主机，配套建设HL-2A装置。ASDEX装置的主要参数与拟建中的中国环流器二号装置的主要参数大体相当。1993年9月2—3日，在北京核工业总公司北安河培训中心召开了《关于引进ASDEX装置工程初步可行性研究报告》论证会。经由中国科学院院士王淦昌、李正武、赵仁恺、严陆光、王乃彦等15名专家组成的评审小组的讨论、分析、研究后，可行性论证一致通过。引进此装置，有助于我国跟踪国际可控核聚变研究进展，也可在更深层次上参与国际合作与交流。1998年3月，国家计委以“计国防〔1998〕272号”文批准了配套建设HL-2A装置的项目建议书；1998年9月，国防科工委以“科工计字〔1998〕71号”批准了项目的可行性研究报告。

ASDEX装置是20世纪70年代末德国伽兴马克斯-普朗克等离子体物理研究所建造的大型托卡马克研究装置，是80年代最成功的核聚变装置之一。在ASDEX上获得了一批国际领先的研究成果。1982年，在ASDEX上首次发现粒子和能量约束改善的高约束模（H模），约束时间增加了2~3倍。高约束模的发现，对于建设商用核聚变反应堆具有重大意义，为现代托卡马克物理研究和建堆条件的探索提供了方向。ASDEX装置于1990年8月关闭，随后其升级装置ASDEX-U建成投入运行。1995年

ASDEX装置全貌

7月，德方通过对多个外国实验室的软硬件条件比较，决定将德方ASDEX托卡马克装置主机部件无偿赠送给核工业西南物理研究院。

利用从德国引进原ASDEX装置主机的磁体、真空室和支撑结构等主要部件，核工业西南物理研究院启动实施大型核聚变研究装置HL-2A工程建设。HL-2A工程建设项目主要包括：装置主机系统、真空系统、水（冷却、烘烤）循环系统的配套建设，建立为主机磁体系统供电的高功率脉冲供电与控制系统（主要包括3台大型脉冲发电机的改造和引进）；利用HL-1M装置设备，配备基本的等离子体诊断手段和计算机数据采集及处理系统；建设满足装置工程、实验与运行要求的主机厅、电机厅、开关整流厅、工程实验控制中心楼、动力厂房等土建工程。

▶ 捷报频传，更上一层楼

HL-2A装置全貌

2002年12月，HL-2A托卡马克装置在四川成都建成，它是我国第一个带偏滤器的磁约束核聚变实验研究装置，其等离子体体积是原有HL-1M装置的10倍。HL-2A的等离子体大半径为1.65米、小半径为0.40米，装置主体由一个类似汽车轮胎形状的真空室系统和磁场线圈系统组成。在主机四周，配置着各种诊断设备和加热设备。

为了开展与国际热核聚变实验堆（ITER）及未来核聚变堆相关的工程和物理实验研究，HL-2A核聚变实验研究平台重点发展了等离子体二级加热系统、供电系统、先进等离子体诊断、真空和器壁处理系统等。经过多年来的经验积累与关键技术突破，在HL-2A装置上成功研制了国内功率最大的电子回旋共振加热及首条兆瓦以上的中性粒子束注入加热系统。在HL-2A装置上发展了总功率超过10兆瓦的等离子体辅助加热系统、40余种50余套的高时空分辨先进等离子诊断系统，以及先进的等离子体控制系统等。HL-2A装置最高运行参数达到了等离子体电流450千安、等离子体平均电子密度6×10^{19}个/米^3。

2003年，HL-2A装置在国内首次实现偏滤器位形托卡马克放电；2006年，在接近2兆瓦的电子回旋共振加热条件下，等离子体电子温度达到5千电子伏（约5500万摄氏度）；2009年，实现中国第一次具有边缘局域模（ELM）的高约束模（H-模）放电，能量约束时间达到150毫秒，等离子体总储能大于78千焦耳。H-模是先进托卡马克的运行模式，也是ITER的基本运行模式。这项重大科研成果，使我国在继欧盟、美国和日本之后，站上了核聚变研究的这一先进平台。这是中国磁约束聚变实验研究史上具有里程碑意义的重大进展，它体现了我国核聚变等离子体物理研究的综合运行和控制能力得到了大幅提升，具备开展与ITER物理相关的研究能力，标志着中国的磁约束核聚变科学研究

HL-2A真空室图片

HL-2A控制大厅图

进入国际前沿研究的崭新阶段。2005年，“HL-2A装置工程研制”项目获得国家科学技术进步奖二等奖。

HL-2A装置的综合物理实验研究能力处于国内领先水平，大大提升了开展国际合作的能力，吸引了大批国际核聚变知名专家开展合作研究。HL-2A装置的良好运行，使我国在托卡马克物理与工程技术，特别是在约束改善、偏滤器物理与工程等核聚变核心技术方面接近国际先进水平；同时发展了偏滤器位形下等离子体反馈控制技术、大型托卡马克装置壁处理技术等。在一些领域，如加料技术、带状流物理等方面取得了世界领先的科研成果。在核聚变工程关键技术方面，开展了大功率辅助加热技术研究和系统建造，发

延伸阅读：

边缘局域模（ELM）：

在高约束（H模）状态下，由边缘很窄的区域形成的高压强梯度引起的张弛性不稳定性。它会瞬间导致粒子和能量从边缘损失掉。在典型的H模放电情况下，边缘局域模会造成台基区的崩塌，使得等离子体从边缘局域越过分界面朝外喷发出大量粒子和能量至刮削层和偏滤器室，有可能对装置第一壁造成损害。

展了总功率超过10兆瓦的辅助加热系统，包括5兆瓦电子回旋加热系统，3兆瓦中性束加热系统和2兆瓦低混杂波电流驱动系统等。为更好地运行、控制和研究聚变等离子体物理，在HL-2A装置上还研发了50多套有时空分辨的先进等离子体诊断系统。“中国环流器二号A（HL-2A）装置高温等离子体诊断系统研制”项目获得2010年国家科学技术进步奖二等奖。

国家科学技术进步奖
证 书
为表彰国家科学技术进步奖获得者，特颁发此证书。
项目名称：HL-2A装置工程研制
奖励等级：二等
获 奖 者：核工业西南物理研究院
证书号：2005-J-218-2-01-D01

HL-2M：中国“智”造，离“人造太阳”更近一步

为更好地研究与可控核聚变能源密切相关的燃烧等离子体科学和工程技术问题，研究未来核聚变堆相关物理及其关键技术，研究高比压、高参数的核聚变等离子体物理，为下一步建造核聚变堆打好基础；在高比压、高参数条件下，研究一系列和核聚变堆有关的工程和技术问题；瞄准和ITER物理相关的内容，着重开展和燃烧等离子体物理有关的研究课题，包括等离子体约束和输运、高能粒子物理、新的偏滤器位形、在高参数等离子体中的加料及第一壁和等离子体相互作用等，新近建成的HL-2M是由中核集团核工业西南物理研究院完全自主研制建造的新一代先进托卡马克装置。

延伸阅读：

高比压：表征核聚变堆经济性的一个重要综合指标，是核聚变等离子体的比压，即等离子体压强和磁压强的比值，等离子体比压越高表示核聚变反应堆的经济性越好。

▶ HL-2M装置的目标

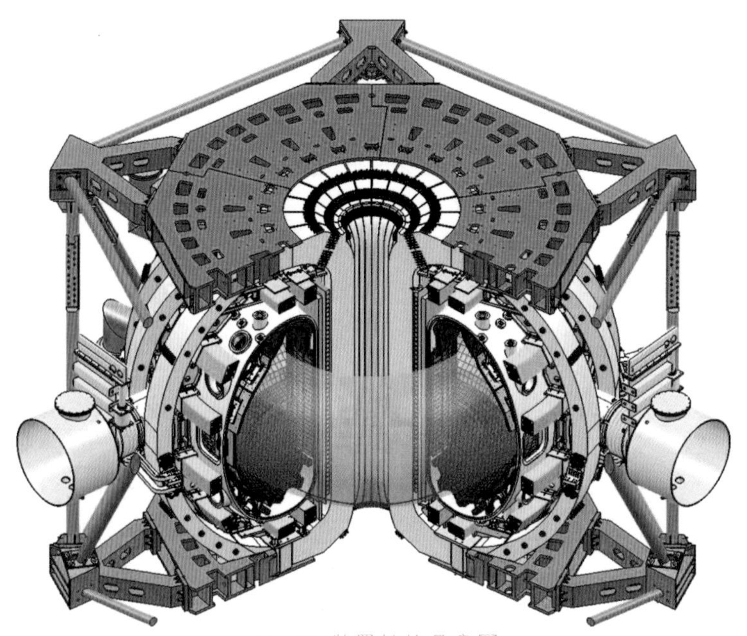

HL-2M装置结构示意图

具有先进偏滤器位形的HL-2M装置是我国大型常规磁体托卡马克核聚变研究装置，其等离子体参数将大幅提高到近堆芯水平，离子温度将超过1亿摄氏度。我国现有托卡马克装置等离子体电子温度已达到1亿摄氏度，离子温度达到约5000万摄氏度。因为热核聚变中参与核聚变反应产生能量的是离子，所以必须提高等离子体离子温度并超过1亿摄氏度。事实上，要将我国托卡马克装置等离子体离子温度从5000万摄氏度提高到超过1亿摄氏度，需要更高的装置参数，注入并吸收更多能量，实现更先进的运行模式。HL-2M装置将具备这一能力，它规模大、参数高，采用了更先进的结构与控制方式，能承载更大线圈电流，有望将等离子体电流从我国现有装置的1兆安培提高到3兆安。HL-2M装置是目前我国规模最大、参数最高的磁约束可控核聚变实验研究装置。

HL-2M装置的主要工程设计指标见下表。与HL-2A相比，其工程设计指标有相当大的提高。

HL-2M装置的主要工程设计指标

参数＼装置	HL-2A	HL-2M
等离子体电流, I_p	0.45兆安	2.5兆安
常规运行环向磁场, B_t	2.8特斯拉	2.2特斯拉 (3.0特斯拉)
等离子体截面三角形变系数, δ	<0.5 (DN)	>0.5
等离子体截面垂直拉长比, κ	<1.3 (DN)	2
辅助加热	>10兆瓦	>25兆瓦
等离子体大半径, R	1.65米	1.78米
等离子体小半径, a	0.4米	0.65米
环径比	4.1	2.8
单向欧姆电流最大伏秒能力	2.5伏秒	>14伏秒

HL-2M装置的建设，有助于我国科学家在近堆芯等离子体参数条件下开展等离子体实验研究，也将为我国开展下一步核聚变堆的自主设计建造提供技术支撑。

HL-2M装置四号电机定子

HL-2M装置的神笔之处在哪?

HL-2M装置的磁体由欧姆场线圈、20个环向场线圈和16个极向场线圈组成。环形真空室截面呈D形。真空室内安装上下偏滤器、第一壁及被动控制导体组件等。改造后的HL-2M装置有以下特点：具有大的拉长比和三角形变的等离子体截面，具备获得高比压等离子体的基本条件；较小的纵横比，环向场较小的情况下，可以达到3兆安的等离子体电流；配建大功率加热系统，以提高等离子体温度和控制等离子体行为，有效控制高比压等离子体中的主要磁流体不稳定性。另外，新建一套脉冲容量为300兆伏安的飞轮脉冲发电机组，建设与HL-2M装置主机相匹配的磁场电源系统。

HL-2M的特点是实现覆盖国际上主要托卡马克的等离子体平衡，用于优化放电位形的研究；可实现2.5兆安（3.0兆安）的等离子体电流，从而成为国内最大的等离子体电流托卡马克装置，具有更高的能量约束时间、密度和温度三乘积；可实现高密度、高比压、高自举电流($\beta_N > 3, f_{BS} > 50\%$)；实现先进偏滤器位形，使得受热面积比常规偏滤器大10倍左右，提升排热能力。在电流2.5兆安和高辅助加热（30兆瓦）条件下，在等离子体平均密度为4.0×10^{19}/米^{3}时，芯部的最高电子与离子温度分别可达到16千电子伏（约2亿摄氏度）和12千电子伏（约1.5亿摄氏度），HL-2M将重点研究ITER和未来核聚变堆所需的等离子体运行模式，打造国际前沿的托卡马克核聚变研究平台，为我国下一步自主设计、建造和运行核聚变堆奠定基础。

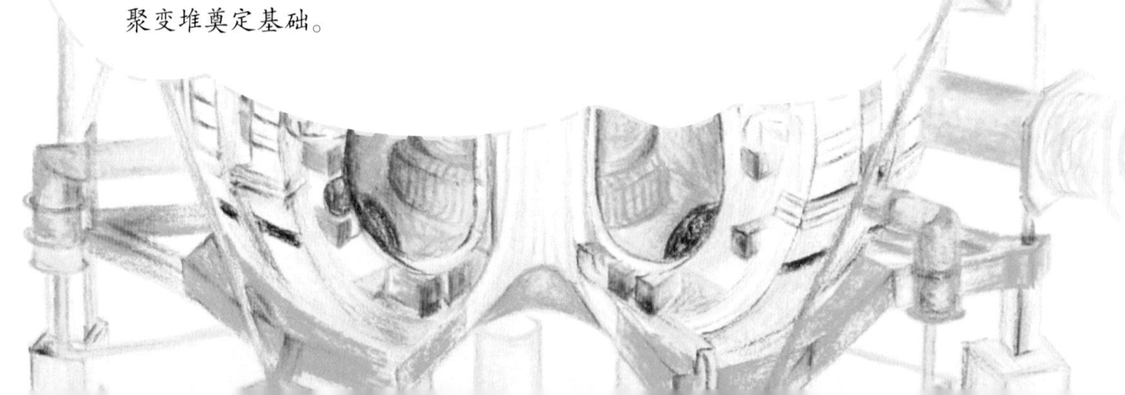

HL-2M装置建设

HL-2M现场安装图

2016年，HL-2M装置主机部件开始加工。2017年，HL-2M部分较大型装备进入现场安装阶段。2019年1月，HL-2M装置供电系统——30万千伏安立式脉冲发电机组通过验收，该大型立式脉冲发电机组的额定转速为500转/分，总储能达到2600兆焦，额定电压3千伏，额定电流29千安。机组总重约800吨，其总体参数达到国际先进水平，将为开展堆芯级核聚变等离子体物理实验和关键技术研究提供保障。该机组由中核集团核工业西南物理研究院与哈尔滨电机厂有限责任公司共同研制。研发团队攻克了六相大电流发电机、大惯量高速转子、宽频变化控保系统等技术难题，在研制过程中形成了一批拥有自主知识产权的创新成果。

2019年3月，由中核集团核工业西南物理研究院与中核集团西安核设备有限公司共同研制、我国首台特材全焊接、双曲面、薄壁件结构的HL-2M装置主机核心部件真空室完成工厂建造。该真空室直径5.3米，高3.2米，重16吨，是由特材焊接成D形截面的环形真空容器。它将为HL-2M装置提供超高真空、容纳上亿摄氏度核聚变等离子体的物理环境，并能够承受核聚变反应过程中的复杂电磁力和热应力。研发团队相继攻克了复杂曲面成型技术、复杂结构焊接及防变形技术、联体成环技术及真空大窗口高精度加工技术等多项关键技术难题，并在研制过程形成了一批拥有自主知识产权的科技创新成果。

2019年6月5日，中国自主研制的新一代先进核聚变实验装置——HL-2M装置主机线圈系统交付，装置正式进入总体安装阶段。作为装置主机核心部件之一的该主机线圈系统由中核集团核工业西南物理研究院与东方电气集团东方电机有限公司共同研制。研制团队发挥科研创新与高端制造的能力和水平，取得多项关键技术的重大突破，设计制造了国内最大尺寸、最大重量的中心柱，合力完成这一项国家任务，为开展堆芯级核聚变等离子体物理实验和关键技术研究提供了强力保障。

扫描我，看，温度超过2亿摄氏度的"人造太阳"在成都启动安装了！

▶ 首次放电，HL-2M开启新征程

2020年12月4日，HL-2M装置完成安装调试，并实现首次放电。这标志着中国自主掌握了大型先进托卡马克装置的设计、建造、运行技术，为我国核聚变堆的自主设计与建造打下坚实基础。HL-2M装置作为我国目前规模最大、参数最高的先进磁约束核聚变实验研究装置，采用更先进的结构与控制方式，等离子体体积达到国内现有装置的2倍以上，等离子体电流能力提高到2.5兆安以上，等离子体离子温度可达到1.5亿摄氏度，能实现高密度、高比压、高自举电流运行。该装置的成功运行将使我国堆芯级等离子体物理研究及相关关键技术达到国际先进水平，是实现我国核聚变能开发事业跨越式发展的重要依托装置，也是我国消化吸收ITER技术不可或缺的重要平台。HL-2M装置由此开启中国磁约束核聚变能源研究，追梦“人造太阳”的新征程。

延伸阅读：

HL-2M入选2020年中国十大科技进展新闻： 由中国科学院、中国工程院主办，中国科学院学部工作局、中国工程院办公厅、中国科学报社承办，腾讯集团发展研究办公室协办的中国科学院院士和中国工程院院士投票评选的2020年中国十大科技进展新闻、世界十大科技进展新闻，2021年1月20日在北京揭晓。HL-2M装置以《我国最高参数“人造太阳”建成》入选2020年中国十大科技进展新闻。

中国环流神器的六大突出贡献

“九层之台，起于累土”。中国环流器系列装置的建设和运行，不断推动着我国可控核聚变研究事业向新阶段迈进，为中国乃至世界核聚变科学研究的发展做出重要贡献。

自主设计，中国核聚变进入大规模实验阶段

中国环流器一号（HL-1）是我国自主设计建造的第一个中型托卡马克装置，它的建成是我国可控核聚变研究尤其是磁约束核聚变进入大规模实验的一个重要里程碑。HL-1的建成和所开展的物理实验，使我国成为在英、美、苏、日、法、意之后能以中等规模装置开展可控核聚变研究的国家。HL-1于1986年通过国家鉴定、验收，并在同年召开的IAEA第一届国际核聚变与等离子体物理学术会议上，中国首次向国外发表了初步的实验结果。

延伸阅读：

IAEA：国际原子能机构（International Atomic Energy Agency）是一个同联合国建立关系，并由世界各国政府在原子能领域进行科学技术合作的机构。总部设在奥地利维也纳。

HL-1装置开展了大量核聚变等离子体的物理实验研究，取得400多项科研成果，其中有数十项获部（省）级以上的奖励。1990年和1992年，国家有关部委两次组织对HL-1物理成果进行鉴定，认为在HL-1装置上所取得的物理实验成果已达到国际上同类装置等离子体物理品质参数的水平，在核聚变研究领域具备了进一步参与国际竞争和合作的能力，其大部分实验研究课题属于国际核聚变研究领域的前沿。HL-1装置的建成运行表明我国在独立设计、研制和建造大型复杂电物理装置能力方面有了新的飞跃，促进了我国工业的进步和科技实力的增长，是我国可控核聚变研究的重要里程碑，它标志着我国可控核聚变研究事业由打基础、建装置步入开展大规模物理实验研究的新阶段。

偏滤器位形放电，大幅提升研究实力

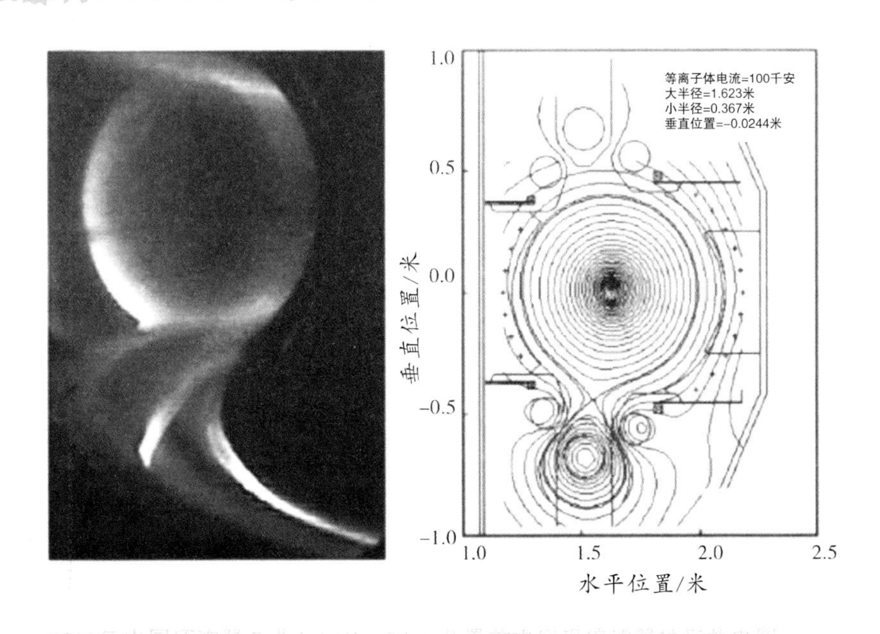

2003年中国环流器二号A（HL-2A）装置首次实现偏滤器位形放电图

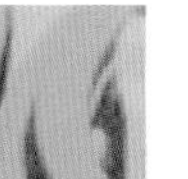

HL-2A装置作为我国第一个具有偏滤器位形的托卡马克，于2002建成后，团队重点优化位形控制，发展了相关诊断系统，通过借助多种等离子体诊断系统和模拟计算进行相互对比，于2003年在国内首次实现偏滤器位形放电。HL-2A偏滤器位形的实现，提升了我国核聚变等离子体实验的研究能力，为开展国际核聚变等离子体前沿问题研究奠定了基础。

5500万摄氏度，再创新高

等离子体离子温度达到1亿摄氏度以上是实现磁约束核聚变点火必不可少的基本条件之一。主要的等离子体加热手段包括欧姆加热、高能中性粒子束加热，以及大功率射频波加热与粒子加热等。为提升HL-2A装置加热功率与实验研究能力，HL-2A团队自主研制了国内功率最高的电子回旋共振加热（ECRH）系统：该系统采用4个回旋管作为微波源，最大功率为2兆瓦，频率为68吉赫兹。2006年，在2兆瓦的ECRH条件下等离子体电子温度达到了5千电子伏(约5500万摄氏度)，创下了当时我国磁约束核聚变实验装置最高等离子体电子温度记录，也为开展大功率辅助加热条件下的磁约束核聚变物理研究奠定了基础。

高约束模运行，综合实力迈上新台阶

核聚变等离子体高约束模（H模）是未来ITER的基本运行模式，能大幅提高等离子体约束性能，并提高核聚变堆运行的经济性。大功率中性束注入（NBI）加热是有效实现高约束模的等离子体加热手段，因此，HL-2A团队在发展大功率ECRH系统的同时，集中力量突破中性束注入加热关键技术，掌握了大功率离子源研发技术、注入器的工程设计及所用的特殊高压电源和控制的研制技术，成功研制了我国第一条兆瓦级的中性束注入加热系统，为我国独立研制更大规模的中性粒子束系统奠定了技术基础。要实现高约束模放电，除了等离子体加热功率必须达到最低功率阈值外，对器壁条件、等离子体控制与运行水平等有很高要求。通过优化关键系统与等离子体位形，成功实现了对等离子体电流、形状和位置的精确控制。此外，通过优化壁处理技术，实现了等离子体再循环与杂质的有效控制。

经过多年的探索与实验，HL-2A装置于2009年4月，成功在国内首次实现具有边缘局域模（ELM）的H模放电。H模是托卡马克的先进运行模式，是一个装置加热、运行和控制等综合能力的体现，H模也是ITER的基本运行模式。这项重大科研成果，使我国成为继欧盟、美国和日本之后拥有此项技术的国家。攻克这项关键技术，也是我国核聚变实验研究综合能力的体现。基于该高约束模平台，HL-2A开展了国际核聚变等离子体物理领域大量前沿性的课题研究。这一重大成果引起了国际核聚变界的巨大反响，得到了国内外著名核聚变专家的高度赞誉，H模的发现者瓦格纳博士等许多国际著名核聚变专家，获悉后立即向核工业西南物理研究院表示祝贺。中央电视台、新华社、人民日报、科技日报等中央媒体都给予了及时的报道。

中国科学院资深院士李正武先生获知后高兴地说："实现高约束模式运行为开展国际核聚变界热点问题（如ITER相关的物理问题）的研究创造了一个全新的平台，为更高水平的研究创造了条件，加快了我国核聚变能源开发的步伐，使我国在国际核聚变界拥有更高的学术地位和发言权，也将为ITER项目建设做出更大的贡献。"

第21届世界聚变能大会

2006年10月16日，被誉为世界“核聚变奥运会”的第21届世界聚变能大会在中国四川成都召开，这也是两年一届的世界聚变能大会第一次在发展中国家举行。包括国际原子能机构副总干事及国际聚变研究理事会主席等在内的800余位中外科学家聚首这一世界顶级高科技盛会。

延伸阅读：

世界聚变能大会：亦称国际聚变能大会，由国际原子能机构主办的国际聚变能大会（IAEA FEC）每两年举行一次，至今已举办27届。国际聚变能大会是世界范围核聚变研究领域最高水平的盛会，会议覆盖范围广泛、会议代表层次高，被誉为国际可控核聚变研究领域的“奥林匹克大会”。被IAEA国际聚变能大会接收的文章数量和被邀请做大会报告和口头报告的数量代表了一个国家在核聚变研究领域的实力和水平。由于中国近年来在核聚变领域取得的突破和成果，第21届国际聚变能大会2006年10月16日在中国成都召开。

原创超声分子束注入技术，贡献国际核聚变

在未来核聚变反应堆中，提高托卡马克等离子体的密度是核聚变研究面临的重要问题之一。核工业西南物理研究院首次提出了超声分子束注入（Supersonic Molecular Beam Injection，SMBI）加料技术，该项技术已经成功应用于国内外多个托卡马克和仿星器装置上，如中国的HL-1、HL-2A、EAST（Experimental Advanced Superconducting Tokamak）和J-TEXT（The Joint Texas Experimental Tokamak）、法国的Tore-Supra、日本的LHD（Large Helical Device）、韩国的KSTAR（Korea Superconducting Tokamak Advanced Research）等磁约束核聚变实验研究装置。超声分子束注入加料具有送气压强、脉冲宽度和加料周期可调的优点，并且比普通的脉冲送气（GP）具有更高的加料效率。由于超声分子束注入具有诸多优势，设计中的中国聚变工程试验堆CFETR上的爬升段加料也拟采用超声分子束系统，相关的物理设计正在开展。另外，为了能够向高约束模等离子体台基的顶部提供较多的粒子源，ITER物理专题研究组建议将超声分子束注入作为ITER的候补加料方式。

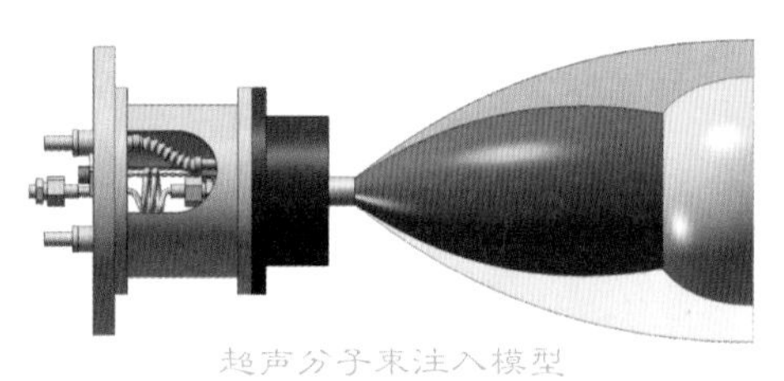
超声分子束注入模型

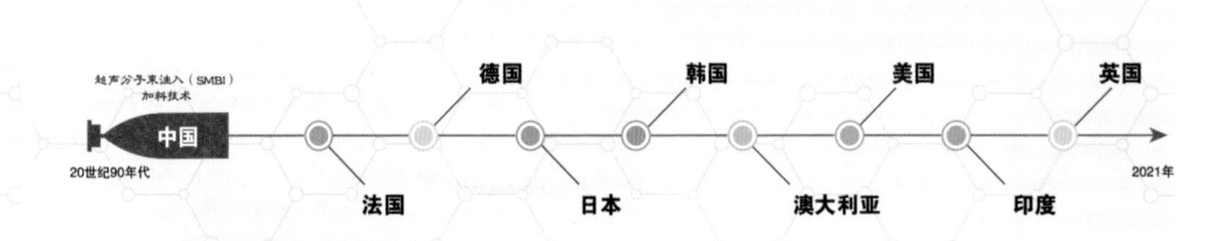

在核聚变实验装置上应用超声分子束注入加料技术的国家

国际合作，率先开展H模PAM新天线实验

2015年，核工业西南物理研究院与法国原子能委员会可控核聚变研究所（CEA-IRFM）合作，在HL-2A上发展了基于有-无源间隔波导阵列天线（PAM）低杂波天线，其目的是研究并验证新型的PAM天线能否在H模条件下有效地将“大功率射频波”耦合进等离子体，为将来ITER发展低杂波加热技术提供重要技术支持。HL-2A团队近年来与法国专家先后在HL-2A上开展了3次联合实验周的实验，采用频率为3.7吉赫兹的PAM天线低杂波加热系统，在限制器和偏滤器位形下进行了耦合优化探索，并首次在世界上开展了PAM天线在H模等离子体下的波耦合实验，其耦合功率超过11兆瓦，最低功率反射系数低于2%，表明在H模条件下利用PAM天线能有效实现低杂波加热。在HL-2A装置上开展关于PAM天线的联合实验取得的这一重要进展，受到了国际核聚变界的广泛关注，为进一步掌握实验相关关键技术和开展与ITER相关的国际前沿性实验研究提供了重要技术支撑。

世界首个全超导托卡马克，东方超环EAST

延伸阅读：

院士领头，造“东方超环”

按照党中央、国务院有关核聚变能源科学研究要“两条腿走路”的原则，科学院开展研究时，既要以基础理论为主，也要结合生产实际，生产部门结合生产实际开展科学研究时，也应包括基础理论的重要指示精神。1972年，中国科学院在安徽合肥筹建核聚变研究基地，于1978年成立等离子体物理研究所（简称“等离子体所”），该研究所从事高温等离子体物理、可控热核聚变技术的研究及相关技术的开发研究工作。1994年年底，等离子体所在苏联赠送的原价值约1500万美元、世界上第一个超导托卡马克装置T-7装置的基础上，建成我国第一台大型超导托卡马克装置HT-7，并成功运行。

东方超环（EAST）项目于1998年立项，2000年开工建造，耗时5年，于2005年年底完成总装，2006年实现首次放电，2015年完成升级改造。EAST工程负责人、中国工程院院士万元熙毅然决策，EAST要做，就要做全超导、非圆截面托卡马克。由于万院士的这一决定，由我国

万元熙

（1939— ）

四川绵竹人，磁约束核聚变专家，中国工程院院士，中国科学院等离子体物理研究所研究员，中国科学技术大学核科学技术学院院长。万元熙院士长期从事磁约束核聚变研究，作为国家重大科学工程全超导托卡马克EAST项目负责人，自主设计、研发、加工制造和完成总装，在国际上率先建成并运行全超导托卡马克，为磁约束聚变研究做出重要贡献。

自行设计研制的世界首个全超导托卡马克——EAST在中国科学院等离子体所诞生。EAST由“Experimental”（实验）、“Advanced”（先进）、“Super-conducting”（超导）、“Tokamak”（托卡马克）4个单词首字母组合而成，而且EAST又具有“东方”的含义，由此得名“东方超环”。 EAST同国际上其他托卡马克装置相比，其独有的非圆截面、全超导及主动冷却内部结构三大特性使其更有利于实现稳态长脉冲高参数运行。它的建成使我国成为世界上首个建成全超导托卡马克装置的国家。EAST装置的主机高11米，直径8米，重400吨。作为世界首台全超导非圆截面托卡马克装置，EAST内部30个线圈（包括16个纵场线圈和14个极向场线圈）均采用了超导材料。通过EAST的研制，我国掌握了超导托卡马克设计、建造、运行的关键技术。EAST的成功运行被评为2006年中国十大科技进展之一；“EAST非圆截面全超导托卡马

东方超环——EAST全超导托卡马克装置

延伸阅读：

超导材料：指具有在一定的低温条件下呈现出电阻等于零的材料。现已发现有28种元素及几千种合金和化合物可以成为超导体。超导材料处于超导态时电阻为零，能够无损耗地传输电能。如果用磁场在超导环中引发感应电流，这一电流可以毫不衰减地维持下去。托卡马克装置中通过线圈的电流高达数十万安（约家用电器的数千倍乃至数万倍），普通铜导线在这么大电流的作用下会产生很高的热量，限制了托卡马克装置的运行时间。因此使用超导材料可以避免线圈发热，有助于提升托卡马克装置的运行时间。

克聚变实验装置的研制”项目获得2008年度国家科学技术进步奖一等奖。

EAST装置主要设计指标

指标名称	技术指标
等离子体大半径R/米	1.8～1.9
等离子体小半径a/米	0.45
等离子体电流I_p/兆安	1
脉冲长度t/秒	10～1000
低杂波电流驱动LHCD/兆瓦	10
中性束注入NBI/兆瓦	8
离子回旋波ICRF/兆瓦	12
电子温度T_e/万度	10 000
环向磁场强度B_T/特斯拉	3.5
电子密度n_e/米$^{-3}$	1×10^{19}~8×10^{19}

进展迅速，成绩斐然

基于过去10多年的研究积累，EAST团队通力合作，集体攻关，集中解决了一系列与稳态运行密切相关的关键技术和物理问

题，同时对多尺度物理过程的集成和芯部约束与边界、偏滤器的有效兼容等前沿问题开展了深入的科学研究，获得一系列创新性成果：2010年获得了目前国际超导装置上所达到的最高参数，即稳定重复的1兆安等离子体放电，为开展高参数、高约束的等离子体物理研究创造了条件。2012年成功实现了411秒、中心等离子体密度约2×10^{19}个/米^3、中心电子温度大于2000万摄氏度的高温等离子体，同时还获得了大于30秒且稳定可重复的高约束等离子体放电，标志着我国在稳态高约束等离子体研究方面已走到国际前列。2017年7月3日，EAST获得超过100秒的完全非感应电流驱动（稳态）高约束模等离子体，成为世界首个实现稳态高约束模运行持续时间达到百秒量级的托卡马克核聚变实验装置。

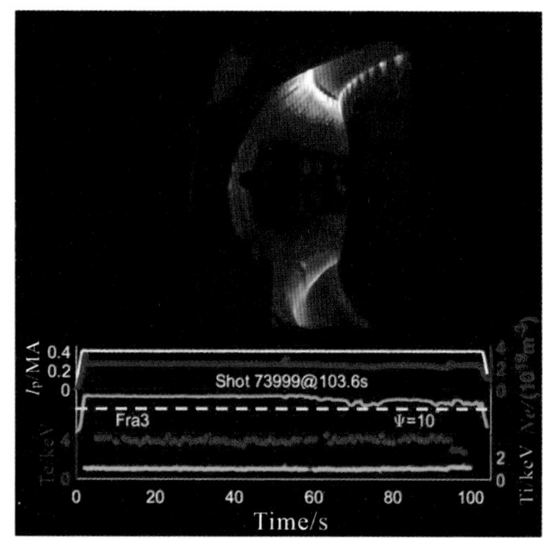

2018年，EAST通过优化稳态射频波等多种加热技术在高参数条件下的耦合与电流驱动、等离子体先进控制等，结合理论与数值模拟，实现加热功率超过10兆瓦，等离子体储能增加到300千焦；在电子回旋与低杂波协同加热下，等离子体中心电子温度达到1亿摄氏度，有效拓展了EAST长脉冲托卡马克放电的运行区间。

2021年，EAST实现100秒1.2亿摄氏度、20秒1.6亿摄氏度等离子体放电。这些里程碑性的进展，表明我国磁约束核聚变研究在稳态运行的物理和工程方面取得突破，对国际热核聚变实验堆（ITER）和未来中国聚变工程实验堆（CFETR）建设和运行具有重要的科学意义。

THE
CHAPTER
第七篇
7

大国合作：加速“人造太阳”进程

如果全世界最优秀的核聚变科学家都聚在一起，会是什么样子？接下来，太阳小子带你领略国际大科学工程——国际热核聚变实验堆（ITER），了解包括中国、欧盟、日本、韩国、美国、俄罗斯、印度等在内的ITER各参与方的科学家们将如何合力探索、加速核聚变能源进程；随着ITER的建造和投入运行，人类将如何一步步走近明“日”世界。

扫描二维码
了解“人造太阳”ITER

扫描我，太阳小子带你走进国际大科学工程——ITER!

开发人类终极能源，重重关口待攻克

达到商用目标之前，基于托卡马克的核聚变能研究和开发计划还有一些科学和技术问题需要进一步探索，尚有众多关口有待攻克。

延伸阅读：

DEMO：(Demonstration Reactor，示范堆)：进入商用核聚变堆阶段前用于演示商用堆功能的核聚变反应堆。

基于热核聚变的首枚氢弹1952年试验成功，激发了人类对和平利用可控核聚变能源探索的渴望，开启了人类追寻“人造太阳”的梦想之旅。经过半个多世纪的不懈努力，可控核聚变能源的研究已经进入验证工程可行性、建造核聚变实验堆的阶段。实验堆的建造是通向核聚变能商业化的道路上不可逾越的阶段。托卡马克途径在可控核聚变领域的研究虽然已基本趋于成熟，但是在达到商用目标之前，基于托卡马克的核聚变能研究和开发，还有一些科学和技术问题需要进一步探索。

目前，国际磁约束核聚变研究的前沿问题包括：燃烧等离子体物理、先进托卡马克稳定运行和可靠控制、国际热核聚变实验堆（ITER）/示范堆（DEMO）等离子体条件下的等离子体与材料的相互作用、长脉冲和稳态条件下的物理和技术、核聚变等离子体性能的预测、反应堆核环境条件下的材料和部件、示范堆的集成设计。

亟须解决的科学和技术问题有：

延伸阅读：

dpa（Displacement Per atom，原子平均离位）：材料辐照损伤的单位，定义为在给定注量下每个原子平均的离位次数。它是衡量材料辐照损伤程度的一种方法，表示晶格上的原子被粒子轰击离开原始位置的次数与晶格上的原子数量之比。例如，10 dpa即表示材料中每个原子被轰击平均离开原始位置10次。

氚滞留：

由于几乎不存在天然氚，且其价格昂贵，因此核聚变堆必须采用氚增殖技术。但目前氚的消耗/增殖比很低，由于直接和等离子体接触，第一壁会滞留大量的氚，因此必须严格控制各个环节氚的滞留问题，否则氚会越用越少，直接导致等离子体熄灭停堆。

抗中子辐照能力：

核聚变反应产生的高能中子能轻易击碎第一壁材料中的金属键，从而产生大量缺陷，引起辐照肿胀、蠕变等问题，商业核聚变堆的第一壁中子剂量预计将超过100 dpa（每个原子被撞离正常位置的平均次数），而核裂变堆的剂量在1dpa量级，因此，核裂变堆材料很难直接拿到核聚变堆中使用，必须研发具备足够抗中子辐照能力的新型材料。

低活化：

在中子的轰击下，很多元素会发生核反应，嬗变成其他核素，但有些核素是不稳定的，会进一步衰变而持续产生辐射。因此，直接面向等离子体的部件材料必须是低活化材料，即嬗变后依然稳定不衰变的元素。

高温和耐热冲击：

核聚变堆第一壁的工作温度在1000摄氏度以上，等离子体破裂期间的瞬时温度甚至高达2000~3000摄氏度，而当等离子体轰入材料内部后会在表面聚集，引起表面起泡、脱落，不仅会破坏材料的表面完整性，而且脱落的碎片进入等离子体也会造成等离子体破灭。

众星捧月，建造最大“人造太阳”

20世纪80年代初，托卡马克途径在技术上逐渐发展成熟，成为磁约束核聚变研究的主流。当时最具代表性的3个接近核聚变堆的大型托卡马克是美国的TFTR、欧洲的JET、日本的JT-60，它们在磁约束核聚变研究中做出了决定性贡献。但它们都仅是核聚变实验装置，还不是真正意义上的实验堆。在通向核聚变能商业化的道路上，实验堆的建造是不可逾越的阶段。

随着国际上众多大中型托卡马克的巨大进展，为了突破能量收支平衡点，验证托卡马克能够实现长时间的核聚变能输出，解决核聚变堆最重要、最关键的工程技术问题，以及适应未来高效、紧凑和稳态运行的商业堆的要求，必须超越当前托卡马克，在核聚变发电站投入商业运营前，建造一个可持续燃烧的托卡马克型核聚变实验堆。1985年，美国总统里根和苏联领导人戈尔

延伸阅读：

国际热核聚变实验堆（ITER）计划：目前全球规模最大、影响最深远的国际科研合作项目之一，覆盖全球近一半人口，旨在建造一个能大规模发生核聚变反应的托卡马克实验堆，验证实现核聚变的科学和工程问题，是实现核聚变能商业化必不可少的一步。

巴乔夫在日内瓦峰会上倡议，由美、苏、欧、日共同启动“国际热核聚变实验堆（International Thermonuclear Experimental Reactor，ITER）”计划。这一倡议得到国际原子能机构（IAEA）的支持。ITER的建设需要把国际上可控磁约束核聚变研究已经取得的主要科学技术成果集成起来。技术上的高难度，加上巨额投资的需求，通过国际合作，依靠各国科学家和工程技术人员的力量共同建造ITER是最佳的方式。这一倡议很快得到各国响应。世界迄今最大的“人造太阳”——ITER投入建造，标志着托卡马克磁约束核聚变能研究由基础性研究进入以验证工程可行性为主要目标的实验堆研究阶段。

1985年日内瓦峰会合影（右为苏联领导人戈尔巴乔夫，左为美国总统里根）

在拉丁语中，ITER 的含义为“路”，寓意未来能源发展之路。ITER计划将集成当今国际可控磁约束核聚变研究的主要科学和技术成果，第一次在地球上实现能与未来实用核聚变堆规模相比拟的可控热核聚变实验堆，解决核聚变电站的关键问题，其目标是全面验证核聚变能源和平利用的科学可行性和工程可行性。更为重要的是，ITER取得的研究成果和经验将有助于建造一个用核聚变发电的示范堆，示范堆的顺利运行将有可能使核聚变能商业化。因此，ITER计划是人类研究和利用核聚变能的一个重要转折，是人类可控热核聚变研究走向实用的关键一步。

ITER计划是一次人类共同的科学探险。参加ITER计划的七方总人口大约占世界的一半以上，几乎囊括了所有的核大国，集中了全球顶尖科学家的智慧，来建造ITER这座世界上最大的“人造太阳”，这也是全球人民的心愿。各国共同出资参与ITER计划，共同承担风险，在政治上也体现了各国在开发未来能源上的坚定立场，使其成为仅次于国际空间站的又一个大型国际科学工程。ITER计划的成功实施具有重大的政治意义和深远的战略意义。各参与方通过参加ITER计划，承担制造ITER装置部件的任务，同时可享受ITER计划所有的知识产权。在为ITER计划做出相应贡献的同时，各参与方有可能在合作过程中全面掌握核聚变实验堆的技术，达到其参加ITER计划的总目的。参与方各国尤其是包括中国在内的发展中国家，通过派出科学家到ITER工作，可以学到包括大型科研组织管理等方面的诸多有益经验，并在较短时间内大幅提高国家核聚变研究整体知识水平和技术能力，拉近与其他先进国家的距离。同时，配合独自进行的必要基础研究、核聚变反应堆材料研究、技术研究等，有可能在较短时间内，用较少的投资使所在国的核聚变能源研究水平进入世界前沿，为下一步自主开展核聚变示范电站的研发奠定基础，确保20或30年后，拥有独立的设计、建造核聚变示范堆的技术力量和核聚变工业发展体系，这也是各参与方参加ITER计划的最主要目标之一。

基本参数:

- 总聚变功率: 500 兆瓦
- Q(聚变功率/加热功率): >10
- 重复持续燃烧时间: 500秒
- 直径: 30 米
- 高度: 29 米

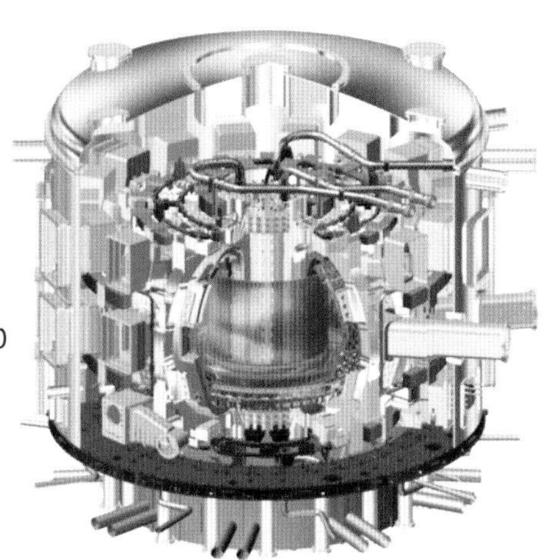

ITER结构示意图

1987年，欧共体、日本、美国和苏联开始四方合作设计建造ITER，1998年7月提交了第一个工程设计报告，当时的核聚变功率设计值为1000兆瓦，等离子体持续燃烧时间大于1000秒，预计造价约100亿美元。这个预算大大超出了最先预估的53亿美元费用，同时由于美国国内核聚变政策调整，出于政治原因及对技术和经济风险的考虑，作为ITER计划

发起者之一的美国在1998年以加强基础研究为名，退出ITER计划。美国的退出将ITER计划一度逼近夭折的边缘。但日本、欧盟、俄罗斯三方决定继续维持三方框架开展ITER的工程设计，并将工程设计活动时间延长3年，其目标是优化工程设计，大幅降低国际热核聚变实验堆（ITER）的建造费用。

2001年7月，日本、欧盟、俄罗斯三方提出了比原国际热核聚变实验堆工程设计活动（ITER-EDA）设计报告成本更低的先进托卡马克运行模式，即ITER-FEAT（Fusion Energy Advanced Tokamak)计划。ITER-FEAT方案将ITER总的核聚变功率和长脉冲运行时间分别下调为500兆瓦和500秒，总造价降低到50亿美元，当时计划的ITER-FEAT建设期为8～10年，运行期为20年。

2003年，中国宣布作为全权独立成员参与ITER计划谈判，意味着中国承诺承担ITER工程总造价的10%，并享受计划实施过程中的全部知识产权。随后美国宣布重返ITER计划，韩国、印度也分别于2003年、2005年相继加入该计划，由中国、俄罗斯、欧盟、美国、韩国、日本、印度七方共同牵头承担的世界上最大的"人造太阳"由此开启了未来能源的逐梦之旅。ITER的建设场址定在法国的卡达拉舍（Cadarache），占地180公顷，共有39栋建筑，实验堆主体直径30米，高29米，大小与北京天坛公园的祈年殿相当。

2006年，中国、欧盟、美国、韩国、日本、俄罗斯和印度七方代表在巴黎爱丽舍宫正式签署了《成立国际组织联合实施国际热核聚变实验堆（ITER）计划的协定》，标志着ITER计划正式启动，开启了人类探索实现大规模可控核聚变反应——"人造太阳"之梦的新征程。

ITER计划是目前全球规模最大、影响最深远的国际科研合作项目之一。ITER是迄今最接近核聚变反应堆，可产生大规模核聚变反应的全超导托卡马克实验堆。ITER计划将历时35年，实施分4个阶段：原计划建造期12年（总费用约为50亿欧元），运行期18年（总费用约50亿欧元），去活化阶段5年（预计费用8亿欧元），最后装置交由东道国——法国退役。

ITER由参与七方共同承担建造和运行费用。其中，欧盟贡献约46%，美、日、俄、中、韩、印各贡献约9%，以实物贡献为主，即将ITER的各部件以采购包形式分摊给合作各方，由各方制造完成后运到ITER场址总装。ITER建造过程中产生的知识产权原则上由七方共享。

ITER协定签署仪式

图中左三为中方时任科技部部长徐冠华，左四为欧盟委员会巴罗佐主席，中间为希拉克总统。

延伸阅读：

ITER采购包： ITER装置被拆分为22类近百个采购包，每个成员国都承担一部分，最终以实物形式将部件运输到ITER法国总部进行组装。中国共承担了14个采购包制造任务（实物贡献），包括：磁体支撑（Magnet Supports，MS）系统、校正场线圈（Correction Coils，CC）、磁体馈线（Feeders）系统、磁体馈线与校正场线圈导体（Feeder&CC conductors）、环向场线圈导体（Toroidal Field coil conductors，TF）、极向场线圈导体（Poloidal Field coil conductors，PF）、包层第一壁（FW: First Wall）、包层屏蔽模块（Shield Block，SB）、气体注入系统和辉光放电清洗系统（Gas Injection System and Glow Discharge Cleaning system，GIS&GDC）、交直流功率变流器-磁体线圈电源（AC/DC Converters）及无功补偿及滤波系统（Reactive Power Compensation - Harmonic Filter，RPC-HF）、脉冲（负荷）高压变电站设备（Pulsed Power Electrical Network，PPEN）及3个诊断系统（Diagnostic System）。

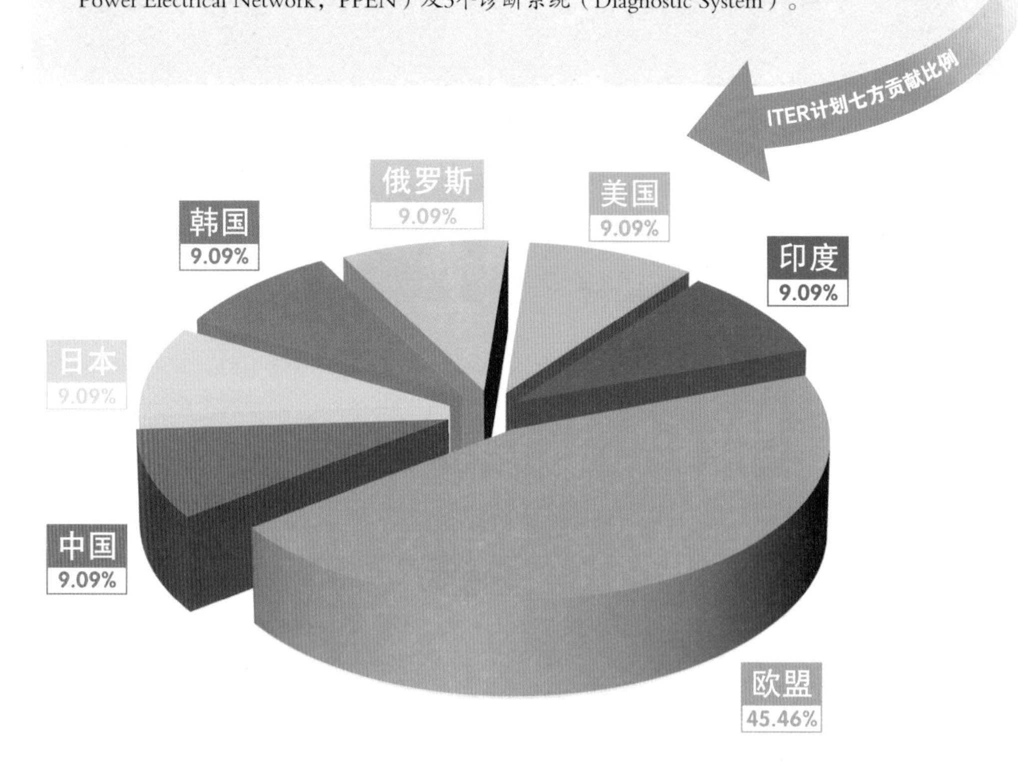

ITER计划七方贡献比例

1.极向场线圈导体
总价值（kIUA）：81.09
中国承担比例：65%
中国承担比值（kIUA）：52.71

2.环向场线圈导体
总价值（kIUA）：215.0
中国承担比例：7.5%
中国承担比值（kIUA）：16.15

3.校正场线圈
总价值（kIUA）：5.51
中国承担比例：100%
中国承担比值（kIUA）：5.51

4.磁体馈线系统
总价值（kIUA）：30.33
中国承担比例：100%
中国承担比值（kIUA）：30.33

5.磁体支撑系统
总价值（kIUA）：22.85
中国承担比例：100%
中国承担比值（kIUA）：22.85

10.磁体馈线及校正场线圈
总价值（kIUA）：2.13
中国承担比例：100%
中国承担比值（kIUA）：2.13

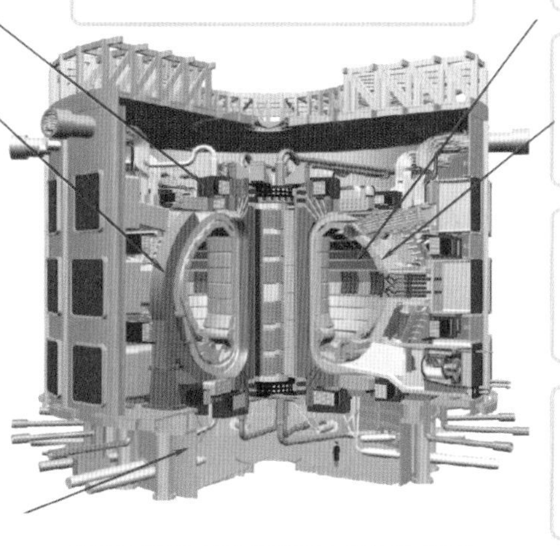

11.交直流功率变留器-磁体线圈电源
总价值（kIUA）：123.6
中国承担比例：62%
中国承担比值（kIUA）：76.63

6.包层第一壁
总价值（kIUA）：87.3
中国承担比例：12.6%
中国承担比值（kIUA）：11

7.包层屏蔽模块
总价值（kIUA）：57.96
中国承担比例：50.2%
中国承担比值（kIUA）：29.1

8.脉冲（负荷）高压变电站设备
总价值（kIUA）：21.0
中国承担比例：100%
中国承担比值（kIUA）：21.0

9.气体注入系统和辉光放电清洗系统
总价值（kIUA）：7.47
中国承担比例：90.7%
中国承担比值（kIUA）：6.776

12. 3个诊断系统
总价值（kIUA）：156.9
中国承担比例：3.22%
中国承担比值（kIUA）：5.065

我国ITER计划采购包承担情况

ITER 法国建设场址

国际热核聚变实验堆（ITER）的使命任务

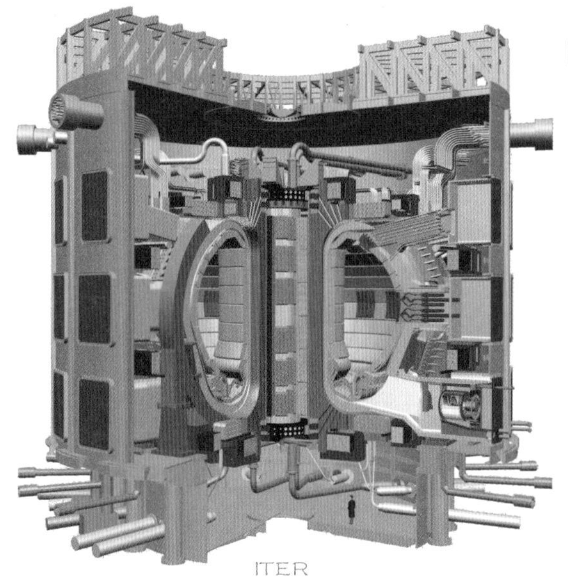

ITER

延伸阅读：

世界主流托卡马克装置单次放电实验时间最长在分钟量级，相邻两次实验一般间隔2～10分钟，称为脉冲式运行。能量约束时间表示能量被约束在等离子体内部存在的时间：$\tau_E=W_p/(P_t-dW_p/dt)$，其中W_p和P_t分别表示等离子体总储能和净加热功率，能量约束时间和放电时间是两个完全不同的概念。

ITER计划旨在模拟太阳发光发热的核聚变反应过程，探索核聚变技术商业化的可行性，把“人造太阳”从梦想变为现实。

建设中的ITER是世界上最大的托卡马克装置，总重达23 000吨，目标是把上亿摄氏度、由氘-氚组成的高温等离子体约束在体积约840米^{3}的“磁笼”中，以50兆瓦（1兆瓦=1000千瓦）的输入功率产生500兆瓦的核聚变功率，相

ITER上亿摄氏度等离子体被约束在磁笼中

当于一个小型热电站的水平，重复持续燃烧时间达到500秒。这将是人类第一次在地球上获得持续的、由大量核聚变反应产生接近电站规模的可控核聚变能。

ITER的根本任务是取得技术上的关键突破，即超越“核聚变三乘积”，开展氘-氚实验，稳定地突破能量的“收支平衡点”。 第一步将实现高增益（Q=10）感应（30～500秒）运行目标，证明利用核聚变能在工程上是可行的，并且具有实用经济价值；第二步将开展长脉冲（Q>5、脉冲长度3000秒）混合运行模式；第三步实现Q=3～5的稳态运行，为商用核聚变堆的建造奠定可靠的科学基础。

科学目标

▶**第一阶段：**建设一个能产生50万千瓦核聚变功率（功率增益Q=10）、重复脉冲大于500秒氘-氚燃烧的托卡马克型核聚变实验堆。

▶**第二阶段：**探索实现具有持续（3000秒，Q>5，平均中子壁负载>0.5兆瓦/平方米）、稳定、高约束、高性能燃烧等离子体。这种高性能的“先进燃烧等离子体”是建造托卡马克型商用核聚变堆所必需的。

▶**第三阶段：**将优化燃烧等离子体至完全非感应运行模式，实现Q=3～5的稳态运行。

ITER

工程目标

- 通过创造和维持氘-氚燃烧等离子体，检验和实现各种核聚变技术的集成；
- 检验各部件在核聚变环境下的性能，如辐照损伤、高热负荷等；
- 实验氚增殖包层模块（TBM）概念，发展实时、本地的大规模制氚技术。

ITER的实施结果将决定人类是否能迅速、大规模地使用核聚变能，从而影响人类解决能源危机和环境问题的进程，因此备受各国政府与科技界的高度重视和支持。

ITER托卡马克建筑群

“国际大工程”里的中国担当

全国人大批准，国家主席签署

为了使我国能在国际热核聚变实验堆（ITER）装置建成后掌握其主要技术，在运行阶段能有效参加ITER装置上的实验研究，为去活化阶段加强核聚变物理基础研究和人才培养，在退役阶段具备逐步独立开展核聚变能示范堆的设计和研发能力，2006年，磁约束核聚变被正式列入《国家中长期科学和技术发展规划纲要（2006—2020年）》，标志着中国将磁约束核聚变作为一项长期的重大科研任务，纳入国家中长期规划。2007年，国务院批准设立“国际热核聚变实验堆（ITER）计划专项”，大力支持国内ITER研究。同年8月，时任科技部部长万钢向全国人大常委会报告ITER协定签署情况，8月30日，全国人大批准中国加入ITER计划法律文件。

2007年9月，时任国家主席胡锦涛正式批准了ITER协定，这标志着中国正式加入了ITER计划，成为这个“国际核聚变俱乐部”的平等成员。

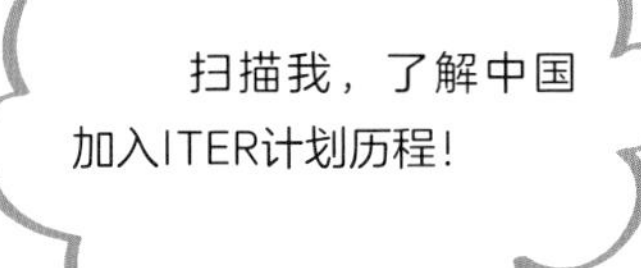

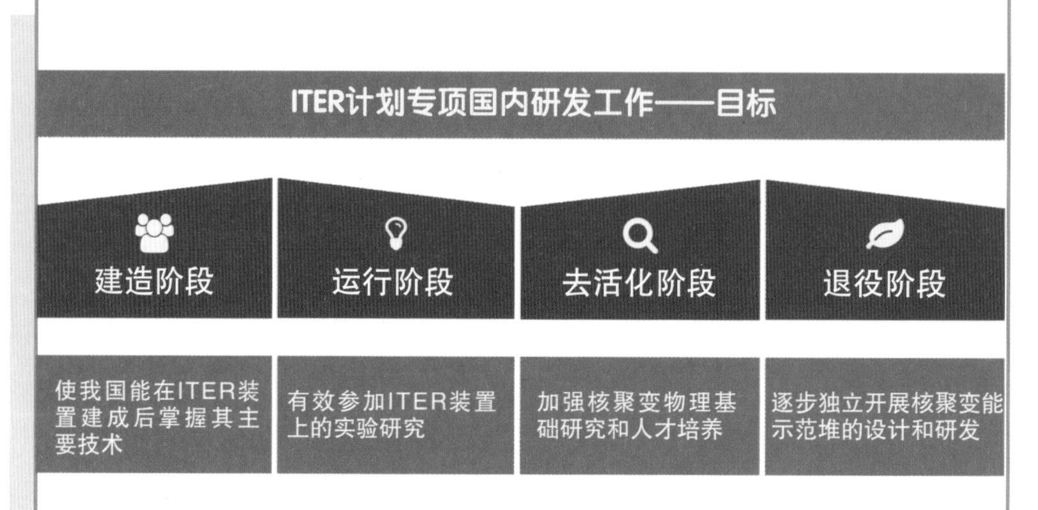

ITER计划被称为核聚变的“国际俱乐部”，能进入这样强强联合的国际合作，与世界强国共同完成一项超级任务，本身就是一种实力的证明。ITER计划提供了难得的科技发展机会。有些计划未必能实现当初预想的目标，但过程中产生的附加值就足以受益无穷。例如，美国的“星球大战”计划，出于“冷战”的需要，研究出了互联网技术，从而惠及全球。同样，参与ITER不仅能完全平等地享有ITER计划所有科学技术成果和知识产权，而且能加快我国科技人才的培养与储备，推动我国科研实力的提升，进一步提高我国核聚变研究和装置研制，以及国家工程技术和装备制造的国际化水平。

我国参加ITER计划是基于能源长远的基本需求，无论是从全球参与程度看，还是从投入经费程度等方面看，ITER计划本身就是全球规模最大、影响最深远的国际科研合作项目之一。而在这样一个“超级”工程中，与我国参与的其他国际合作类科学工程相比，我们占据了更多的份额。参加ITER计划彰显出中国对全球重大发展问题负责任的态度，以及积极参与国际科技合作、充分利用国际科技资源，促进自主创新的雄心和决心。

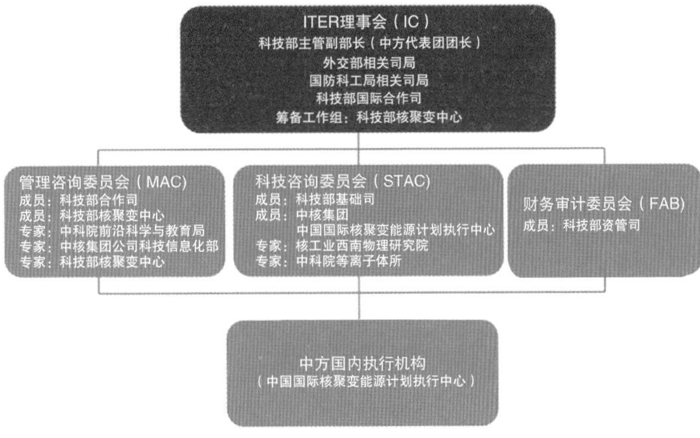

中国政府层面参与ITER组织管理示意图

为全面落实中国政府在ITER担任的角色和承担的任务，中国政府派人员参加ITER理事会，成立了ITER计划国内机构——中国国际核聚变能源计划执行中心，负责我国参加ITER计划的事务性工作，组织ITER计划实施。

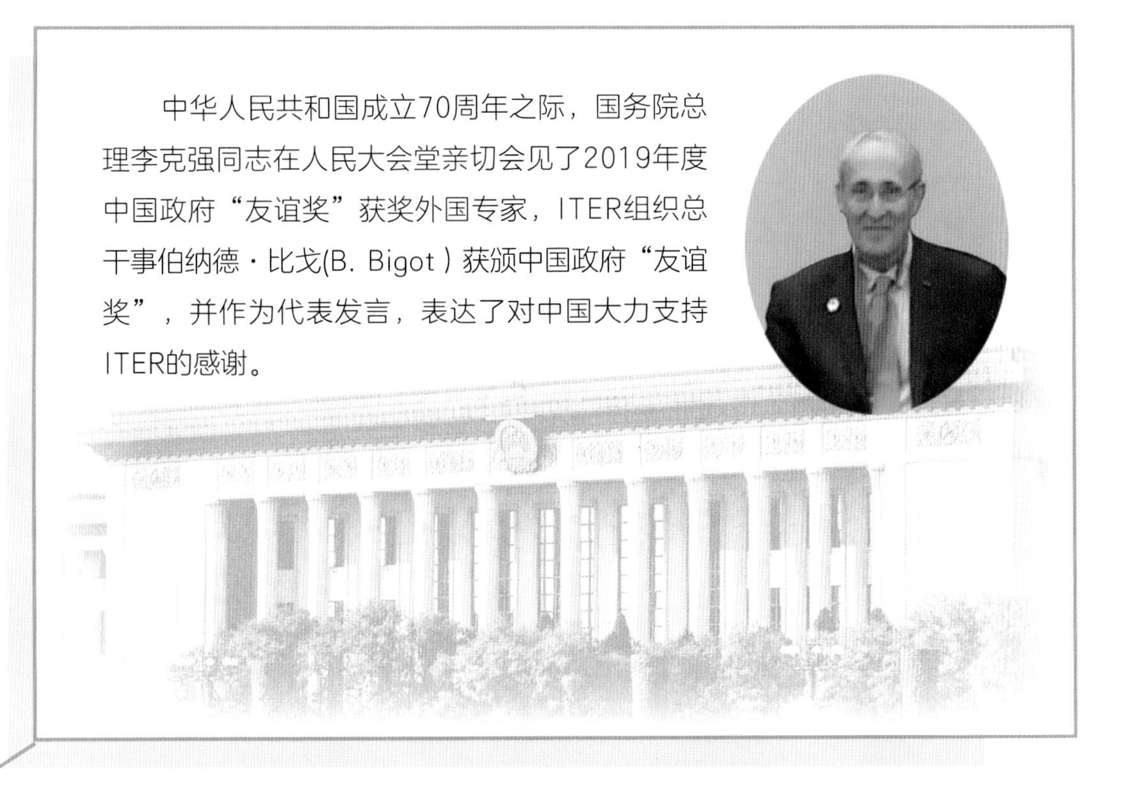

中华人民共和国成立70周年之际，国务院总理李克强同志在人民大会堂亲切会见了2019年度中国政府“友谊奖”获奖外国专家，ITER组织总干事伯纳德·比戈(B. Bigot）获颁中国政府“友谊奖”，并作为代表发言，表达了对中国大力支持ITER的感谢。

中国担当，涵盖ITER关键部件

ITER计划集成了当今国际可控磁约束核聚变研究的主要科学和技术成果，被认为是实现核聚变必不可少的一步。ITER关键部件的技术攻关和制造成了各参与方眼中的“香饽饽”，在任务怎么分摊、蛋糕怎么分配等问题上，各方博弈在所难免。中国在ITER计划建设中的投入约70%以实物贡献方式（即制造、提供ITER装置部件）投入，10%由我国派出所需科研人员折算，其余约20%以现金方式。中国共承担了14个采购包制造任务（实物贡献），覆盖了托卡马克装置的大部分重要部件，如大型超导磁体系统、包层和第一壁系统、大规模电源系统、诊断系统等。中国承担的ITER部件研发任务由上百家科研院所、企业共同参与， 通过对这些技术的突破，可以使我国独立开发核聚变能源堆的能力实现跨越式发展。

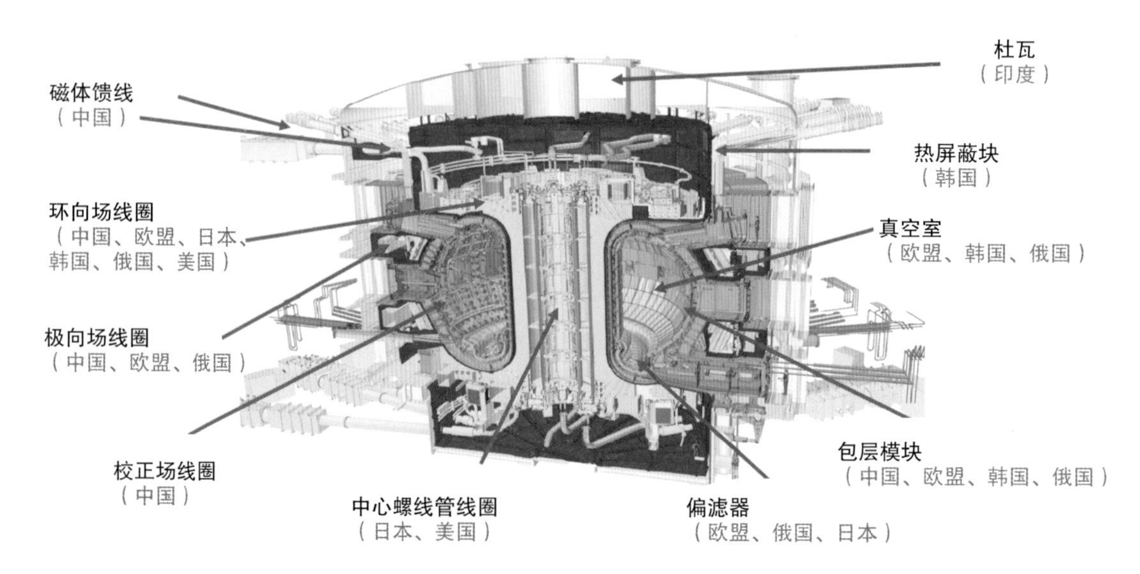

中国承担的ITER关键部件部分采购包示意图

从物理实验装置到商用核电站，ITER要填平的差距

实现托卡马克路线的磁约束核聚变能商业应用，需经历六个阶段

原理性研究 → 规模实验 → 点火试验 → 反应堆工程实验 → 示范堆 → 商用堆

磁约束核聚变研究逐步迈入核聚变反应堆工程实验阶段

延伸阅读：

工程实验堆：以国际热核聚变实验堆（ITER）为代表，仅用于验证实现核聚变的科学和工程可行性，而不提供可使用的核聚变能；示范堆将实现核聚变能发电，要实现商用堆，还必须在示范堆的基础上解决核聚变能发电的经济性。

目前，国际核聚变研究正处在点火装置即氘-氚燃烧实验阶段，并逐步向核聚变反应堆工程实验阶段过渡。

ITER不是磁约束商用核聚变电站的原型。但是，作为工程实验堆，它是迈向磁约束商用核聚变电站必经的重要阶段之一，它将用于验证人类长时间获得核聚变能的可能性。如果一切顺利，用于演示核聚变商业发电的核聚变原型电站PFPP（Prototype Fusion Power Plant）预计将在21世纪50年代在中国建成运行。

工程实验堆的特点

本身不被用于发电，不提供可实际使用的核聚变能，发电重任将交给其后继者——核聚变示范电站；

没有核聚变燃料氚的自持计划，不具备自增殖氚的能力；

工程实验堆本身不使用未来核聚变能源商业发电堆的真实材料。

ITER已经变为一个高度复杂的装置，十八般武艺全用上了。它必须同时满足超大电流、超强磁场、极度高温、超低温等极限环境对工艺和材料提出的极高要求，从堆芯上亿摄氏度的高温到线圈中零下269摄氏度的低温，就可见一斑。

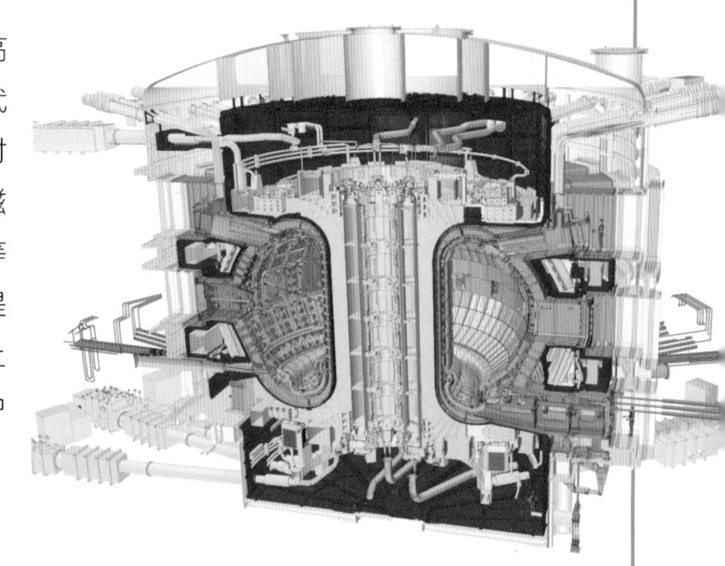

10亿摄氏度以上的熊熊火炉：只有“核聚变三乘积”超过10^{21}，氘-氚核聚变反应才能突破点火条件，维持燃烧。由于“人造太阳”很难兼容超高压与超高温，人类必须制造出比太阳更极端的高温环境，才能把天上的“圣火”用于人间。但在加热过程中能量耗散严重，温度越高，耗散越大，如何将核聚变燃料加热至10亿摄氏度以上并稳定地盛装在“磁笼”中是ITER必须攻克的难题。

空中烈火的持续燃烧：反应堆连续稳态运行是可控核聚变研究的另一个重点。约束等离子体的磁场，虽然不怕高温，却很难持续稳定。为了维持强大的约束磁场，需要非常强大的电流，人们把最新的低温超导技术引入托卡马克装置中，应用于产生强磁场的线圈。只有建成全超导托卡马克，才能使连续稳态运行成为现实。

越过“收支平衡点”：ITER重点聚焦于实现高增益功率输出，必须越过功率“收支平衡点”，才能实现“盈利”，即功率增益因子Q大于1（产出大于投入）。

高能辐射屏蔽：核聚变反应过程中，面对等离子体部件将承受来自芯部的上亿摄氏度高温粒子的轰击，堆芯结构部件还要承受高能（14.1 MeV）核聚变中子的辐照损伤及活化，必须开发新型材料屏蔽辐射、阻挡或吸收x, γ射线及带电粒子，保护部件、磁体安全。

ITER的“中国方案”

中方实物贡献主要承担单位是中核集团核工业西南物理研究院（简称“核西物院”）和中国科学院等离子体物理研究所（简称“中科院等离子体所”）。目前，中方团队突破了大量技术瓶颈，取得了多项重大突破，在很短时间内就成为国际核聚变科学领域的重要力量。核西物院作为我国参与国际热核聚变实验堆（ITER）计划的主要技术支撑和研制任务的主要承担单位之一，承接了中国ITER采购包绝大部分涉核部件的研发与加工制造任务。

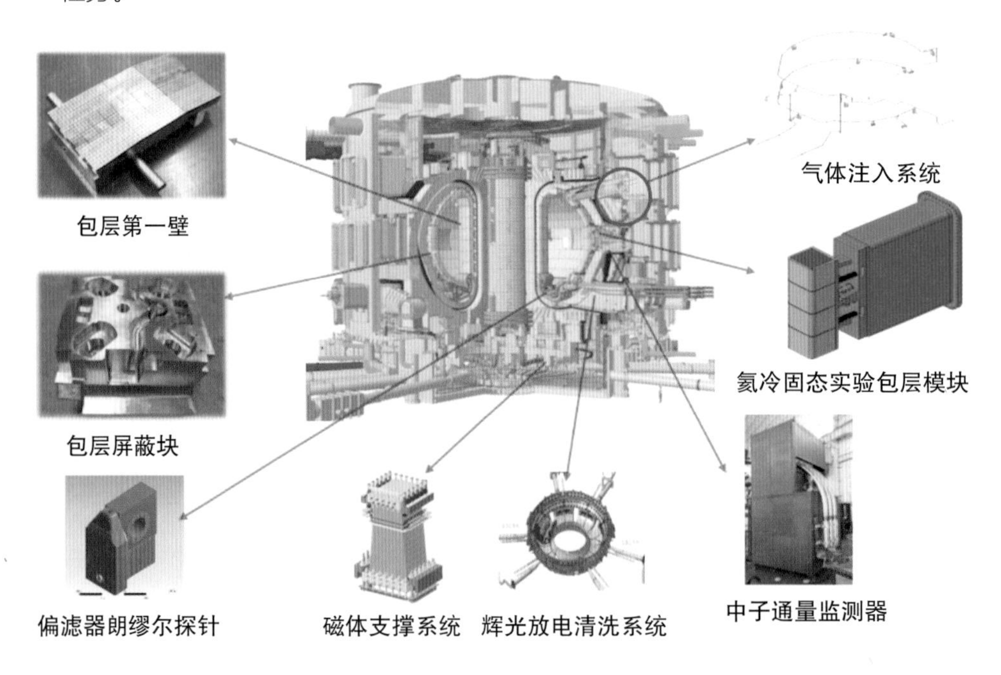

中核集团核工业西南物理研究院承担的ITER采购包

世界上最大的运输机安-225，其最大起飞重量达到惊人的640吨，而ITER项目仅线圈总重量就超过了1万吨，相当于16个安-225运输机满载的重量。

中国“智”造，“撑”起世界最大“人造太阳”

ITER磁体支撑结构主要用来支撑整个托卡马克装置的真空室及所有的极向场线圈和校正场线圈，极向场线圈支撑是极向场线圈的关键受力部件，整体运行在超低温强磁场的环境中，运行环境非常恶劣，磁体支撑不仅需要承受托卡马克整个磁体1万吨的净重，还要承受极端条件下产生的巨大脉冲电磁力和强热应力，并在异常情况下保障实验堆的安全，因此，磁体支撑采购包的制造难度非常大。

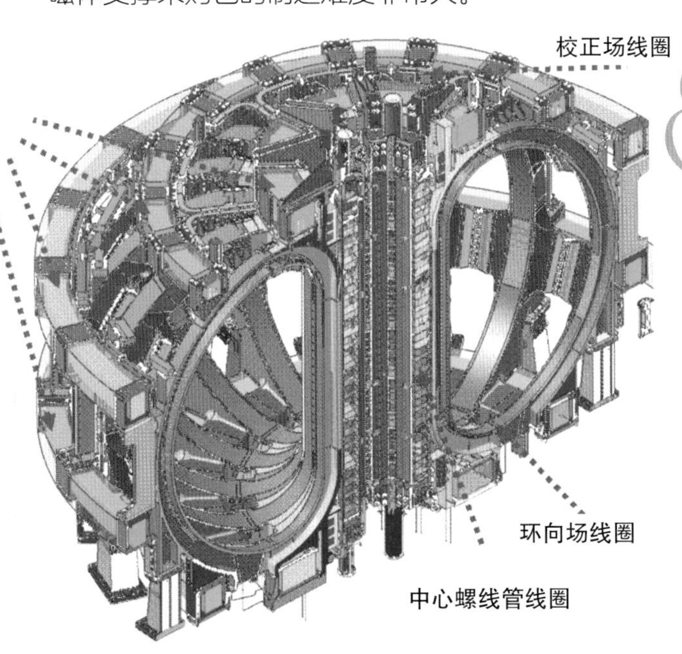

ITER 磁体结构图

ITER全套磁体支撑系统的制造任务由核西物院100%独立承担。面对国际大科学装置的超高国际标准，中国团队丝毫不敢懈怠，经过8年努力，研制团队先后完成了从材料到工艺的系列认证及磁体支撑产品的制造任务，并最终获得ITER组织的认可，以高品质兑现了中国的庄严承诺。2018年6月9日，由核西物院创新改进、贵州航天新力铸锻有限责任公司制造的ITER磁体支撑首批产品在贵州遵义正式交付ITER组织，成为进入厂房并进行安装的首批基础性部件，中国也成为首个向该项目批量交付核心产品的国家，展现了中国的大国担当，撑起了能源梦想。

此次交付ITER磁体支撑部件在人类未来能源探索的道路上贡献了中国力量，为和平利用核能和人类可持续发展贡献了“中国智慧”和“中国方案”。

“能够实现首批产品的交付，对我们国家及整个ITER计划都是非常重要的里程碑”，科技部中国国际核聚变能源计划执行中心主任罗德隆表示。ITER组织磁体支撑采购包负责人在交付仪式现场表示：“一直以来，中国都积极参与ITER计划，在协同其他各方应对挑战，克服困难的过程中扮演了重要角色。”

三明治“防火墙”，为“人造太阳”保驾护航

1亿摄氏度究竟是什么概念？太阳的核心温度大概是1500万～2000万摄氏度，1亿摄氏度，这个温度已经超过了太阳核心温度大约5倍，地球上的任何材料在它面前都会瞬间熔化消失。中国科学家到底用什么在这么高的温度下保护住了“人造太阳”内部核心部件？接下来太阳小子为你一一揭秘。

ITER要求制造出比太阳核心温度高数倍的上亿摄氏度极端高温环境，为了实现高温就必须提供更高的加热功率，制造更大、更复杂的设备。

延伸阅读：

包层：核聚变堆中包在等离子体外面的环盘形区域。包层的功能是让核聚变反应的中子在该区域中与锂反应后产生氚并慢化释放出热量。

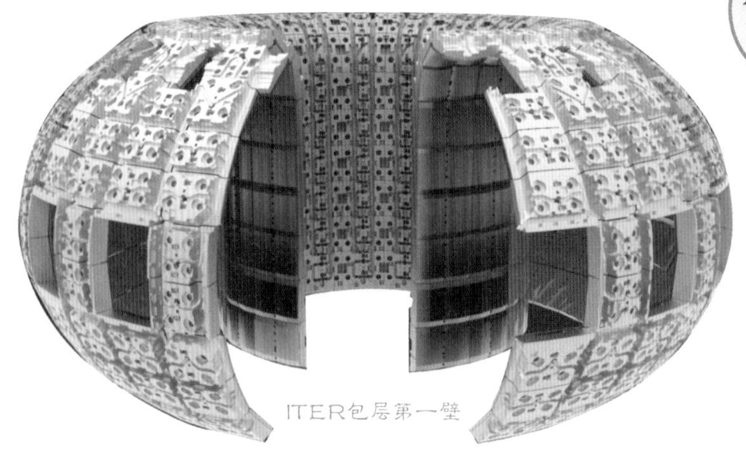

ITER包层第一壁

面对挑战，迎难而上。ITER包层第一壁直接面对燃烧的等离子体，要承受巨大的热负荷，可以形象地将其比喻成ITER的“防火墙”。根据ITER的设计方案要求，“防火墙”热负荷高达4.7兆瓦/米^2，几乎可以瞬间将一千克钢铁熔化。ITER的“防火墙”由中国、俄罗斯和欧盟三方共同承担，而中国科学家承担研制的“防火墙”，俗称“第一壁”，处于反应堆最核心的位置，直接面对上亿摄氏度的高温等离子体，保护外围部件和设备免受高热流和高能粒子流的冲击。

为了保护ITER核心部件，经过多年技术攻关，中方人员率先实现“三明治”结构部件的成功研制，把热量及时地传走。该“三明治”结构下面是不锈钢，中间是铜合金，上面是特殊的高纯度金属铍。不过铍铜焊接成功率却极低，中国科学家经过200多个日夜，连续40多轮实验的反复摸索，突破了铍铜材料的连接技

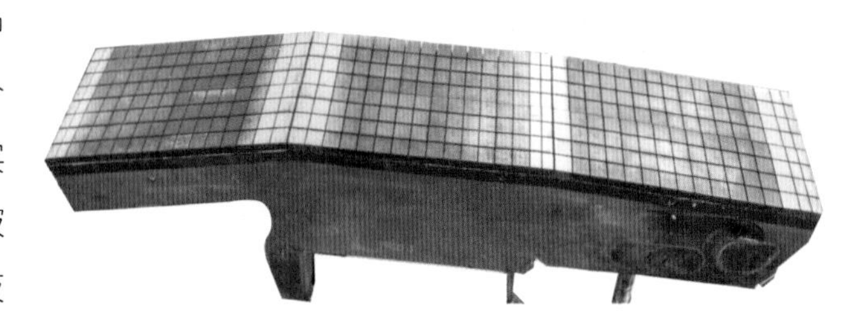

ITER增强热负荷第一壁模块

术，类似于把材料放到一个高压锅里，靠压力和温度把两个材料烧在一起，将铍铜连接的成功率一下提高到90%以上。

十年磨一剑，一招试锋芒。2016年5月，中方成功制作第一壁半原型件，按要求送往俄罗斯Efremov研究所进行了表面热负荷为4.7兆瓦/米^2（满载）和5.9兆瓦/米^2（过载）的高热负荷疲劳试验，分别达到7500次和1500次热循环，完全符合甚至超越了ITER组织认证要求，实现该类部件在世界范围内率先通过高热负荷测试，其相关技术被ITER组织推荐应用到ITER偏滤器上。

中国、俄罗斯、欧盟三方承担了ITER第一壁的制造任务，其中俄罗斯承担约40%的制造任务，截至2016年5月，尚未通过半原型件的高热负荷测试；欧盟承担约50%的制造任务，所承受热负荷仅为2兆瓦/米^2；我国承担约10%的制造任务，能够承受的热负荷接近5兆瓦/米^2，并且在国际上率先通过高热负荷试验认证，实现了中国核聚变研究从“跟跑”到“领跑”。

卡脖子技术，中国走在前列

核聚变堆中的面向等离子体材料是“头号窝藏氚的嫌犯”？核聚变堆材料受到了我国科学家的“严刑逼供”？……接下来让我们看看中国是如何率先实现ITER计划中唯一不共享的技术——产氚包层技术的。

ITER计划更为关键的是“技术专利共享”。各成员国在研发制造过程中，将专利技术提交给ITER国际组织，最终这些专利技术，将由各成员国共享。但唯独有一项技术除外，那就是产氚包层技术，产氚包层技术属敏感技术，是目前ITER计划中唯一不共享的技术。但是核聚变堆又不能缺氚，因此，人类必须掌握持续大规模产生核聚变燃料氚的关键技术。验证核聚变燃料氚增殖和氚自持技术，也是建造ITER最重要的工程实验目标之一。

延伸阅读：

产氚包层技术为何敏感?

氚是军事战略物资，可用于制造氢弹，半衰期为12.5年，在自然界中极少存在，一般需要从核反应中制得，所以技术难度大、造价高昂。一颗氢弹仅使用克量级（约2克）氚，而核聚变堆每天需要公斤量级的氚，1千克氚价值上亿美元。相当于制造一枚一毛钱硬币重量的氚，花费需要超过10万美元。

《蜘蛛侠2》中的聚变等离子体火球

在托比·马奎尔版的《蜘蛛侠2》电影中，像恒星一般燃烧的“大火球”，其现实原型就是核聚变反应当中的氘氚等离子体火球。实际上核聚变燃料除了氚，还有“氘”，氘的获取十分容易，地球上仅海水中就含有上亿吨。人类为什么不选择氘作为核聚变燃料，非要选择价格极其昂贵的氚呢？因为氘-氚反应是人类在地球上最容易实现的核聚变反应。然而，目前世界上现存的氚用来做实验还行，但拿来当核聚变燃料进行大规模发电是远远不够的。

商用核聚变堆要源源不断输入燃料才能维持核聚变反应，商用核聚变堆要实现长期稳定运行，必须依靠氚增殖技术，即利用核聚变产物的中子与产氚包层中的金属锂发生核反应来实现氚的增殖。不过氚的增殖效率有限，且非常容易滞留在反应堆包层材料中，因此必须减少氚的滞留，才能维持反应堆内氚的总量不降低。核聚变堆中的面向等离子体材料是“窝藏氚的头号嫌犯”，氚与钨等面向等离子体材料接触后，容易导致金属表面冒出“氢气泡”，使金属表面如同“气泡”一般鼓起来，不仅会造成材料结构损伤，还会导致氚大量滞留在材料中，影响商用核聚变堆的持续运行，为此核聚变堆材料受到了我国科学家的“严刑逼供”，为核聚变堆面向等离子体材料的设计、氚增殖和回收技术研发提供了定量理论指导。

验证氚增殖包层技术是ITER计划的三大工程目标之一。实验包层模块（Test Blanket Module，TBM）又称氚增殖包层模块，用于验证核聚变堆条件下的“氚增殖”和“能量提取”技术。为了验证核聚变堆氚增殖包层技术，ITER装置预留了2个窗口用于开展TBM相关实验，各方对窗口资源的争夺十分激烈，经过激烈竞争，我国将与日本共同使用18号窗口，用于验证我国自主设计研发的实验包层模块，为我国自主建造核聚变堆奠定坚实的基础。

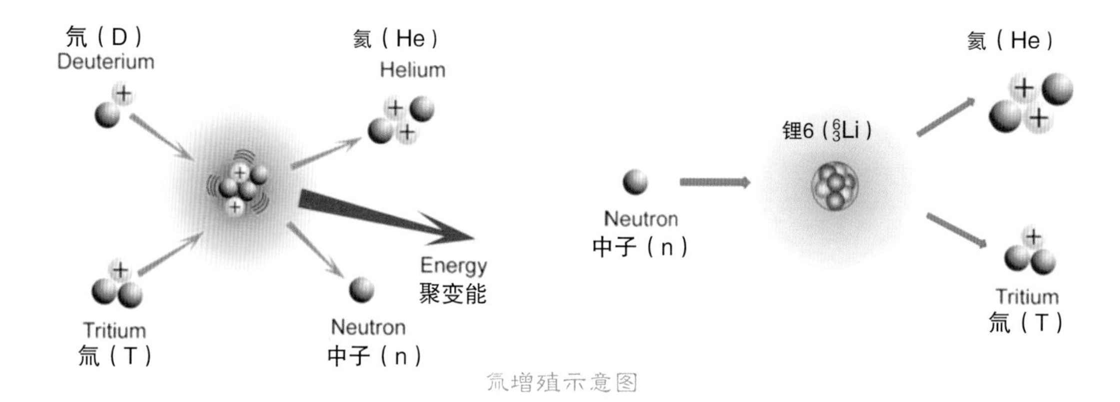

氚增殖示意图

经过10多年的艰苦努力，目前，中方提出的“氦冷固态增殖剂”概念实验包层模块（HCCB-TBM）项目已经走在世界前列。中方不仅是ITER计划TBM各方中第一个完成概念设计的成员方，也是第一个进入初步工程设计的成员方，为我国核聚变研究做出了重大贡献。

产氚包层“外衣”四川造

在产氚包层项目中，最关键的结构材料就是低活性铁素体/马氏体钢（牌号CLF-1），该材料具有低活化、较好的高温性能、抗蠕变性能等特点，就像是产氚包层项目的“外衣”。有了这个“外衣”，才能把其他材料装在里面进行实验和应用。为了研发这个材料，核西物院花了很长时间，掌握了该材料的各种元素结构。但要研发制造出这个材料，必须要有企业来承担，需要寻求院企合作。最终经过对比、考察，选择了位于绵阳的四川远方装备公司，该公司在一个月内就研发出了样品，紧接着又研发出了1吨级材料，后来又经过3年时间的研制，最终研发出了5吨级材料。CLF-1新材料要获得国际认可，必须要有第三方权威机构进行认证。在材料的整个研发过程中，由德国最大的产品安全及质量认证机构“德国莱茵技术监督公司”的专家全程跟踪拍照，最后拿回德国进行鉴定，并最终认可。迄今为止，四川远方装备公司也是我国通过第三方认证的该类型材料的唯一制造商。根据“人造太阳”ITER计划的安排，预计2025年后，将会把5吨级CLF-1新材料用于“人造太阳”ITER的实验中。

我国通过参加产氚包层项目，设计、研制和测试具有自主知识产权的实验包层系统，不仅能提升我国核聚变堆氚增殖包层设计制造能力，掌握核聚变堆氚增殖包层的设计、材料研发、制造、运行、测量、涉氚技术、能量提取等关键工程技术，而且能培养一批高水平的科研人才，为我国今后自主设计、建造核聚变示范堆奠定坚实的技术与人才基础。

ITER“加油站”，中国设计制造

ITER装置是一个主要以氘、氚为燃料气体最终实现核聚变反应的实验反应堆。在反应堆运行过程中，需要在中子、伽马强辐射及复杂电磁环境下，不断给反应堆“加油”，即送入核聚变燃料。气体注入系统（Gas Injection System，GIS）是ITER反应堆气体加料和器壁处理系统的重要组成部分，被形象地称为ITER的“加油站”。

ITER气体注入系统主要包括气体分配系统、阀门箱、气体注入管线和控制测量系统。气体分配系统的功能是将ITER反应堆放电运行所需的工作气体从氚工厂输送到环向分布于ITER反应堆周围的气体注入阀门箱、弹

丸加料阀门箱和中性束阀门箱，有点像人体输送氧气的血管。阀门箱包括10个加料阀门箱，通过对阀门箱内器件的控制可实现对气体管道的冲刷、工作气体的选择及按实验需要注入所需流量的气体。核聚变功率关闭系统包括2个阀门箱，其功能是在紧急情况下注入大量杂质气体，中止核聚变反应。控制测量系统可以按照等离子体放电控制要求将指定流量的气体注入反应堆真空室内。

ITER气体注入系统（GIS）采购安排协议签字仪式

2012年2月20日上午，在时任科技部部长万钢的见证下，时任ITER组织总干事本岛修与时任中国国际核聚变能源计划执行中心罗德隆副主任在科技部签署了GIS采购安排协议。ITER“加油站”的设计制造由核西物院承担。目前，核西物院已解决了控制器件的可控制性问题，同时提出更改ITER基准设计文档并得到了ITER国际组织的认可，GIS管道系统的最终设计评审已获批准，准备开展系统的建造。

中国造ITER“吸尘器”

家用吸尘器是通过高速旋转产生空气负压后吸取尘屑。那你知道ITER的“吸尘器”又是如何运转的吗？接下来，我们一起来看看由核西物院100%承担的ITER“吸尘器”——辉光放电清洗系统（GDC）。

由核西物院100%承担的辉光放电清洗系统（Glow Discharge Cleaning，GDC）是ITER装置进行器壁清洗的重要手段之一，可比喻为ITER装置的“吸尘器”，其目的是清除ITER装置真空室内壁表面吸附的杂质和粒子，降低在核聚变反应时由器壁进入核聚变等离子体的杂质，为ITER装置进行可持续的核聚变反应提供必要条件。

GDC的原理是通过布置在装置内的电极（阳极）和装置内壁（阴极）之间产生辉光放电，利用辉光放电中的能量离子对器壁表面进行轰击，将附着在器壁表面的杂质打出来，形成中性气体，然后通过真空泵将杂质气体排出装置，达到清洁器壁的目的，其过程类似于用高压水枪冲洗容器内壁。2020年6月，该采购包工程的初步设计已经通过ITER组织批复确认，标志着工程初步设计任务正式宣告结束，进入全面开启最终设计和生产制造合同竞标的“攻坚”模式。

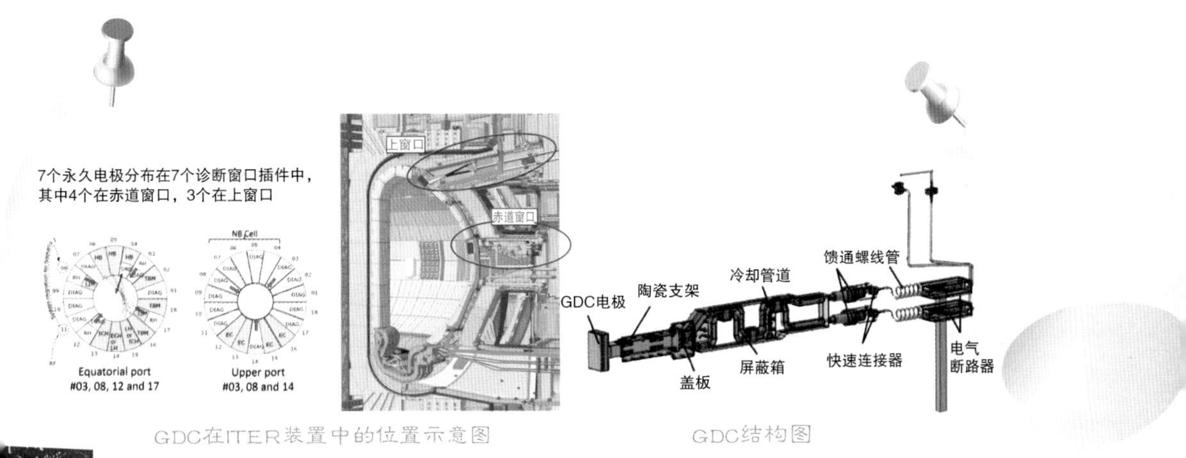

GDC在ITER装置中的位置示意图　　GDC结构图

中国“大夫”为ITER把脉

多年来，中国在国际舞台上始终承担着负责任大国的重要角色。在面对托卡马克内部核聚变可能出现的各种烦琐复杂的反应情况时，中国坚定地挑起ITER诊断“大夫”的重任。

为了实时掌握托卡马克内部核聚变反应情况，需要建立一套功能完善的诊断系统，一旦装置出现意外状况，诊断系统可迅速为科学家提供判断故障来源的依据，这就像“大夫”为患者把脉一样，根据诊断结果为患者提供治疗方案。

中方承担了ITER诊断采购包的部分任务，包括X射线相机、12号赤道窗口集成、中子通量监测器、朗缪尔探针4项任务。X射线相机主要用于测量X射线辐射及其分布，相当于用来给高温等离子体拍CT。12号赤道窗口集成是诊断系统安装的重要部件，用于观察和测量等离子体的参数。中子通量监测器用于测量ITER核聚变中子通量，为保护装置及人身安全提供可靠数据。朗缪尔探针主要用于测量ITER偏滤器（ITER装置的核心部件之一，承担排灰除杂的功能，相当于排灰口，装置运行期间，偏滤器区域将承受极强的热流冲击）附近的电子温度、密度及其分布，为缓解偏滤器高热负荷提供直接的依据。中国“大夫”未来将应用于ITER装置，将在保护装置和人身安全、为ITER“把脉”等方面做出重要贡献。

把控ITER“生命线”

ITER 磁体馈线（简称“Feeder”）是连接杜瓦内的ITER超导磁体与杜瓦外的低温制冷系统、电源系统及控制系统的接口部件，也是向ITER装置低温超导磁体系统供电、供冷和提供信号通道的核心部件，向超导磁体供给超导临界氦，并从室温电源向-269摄氏度超导磁体传输超大电流，是核聚变实验装置的“生命线”。

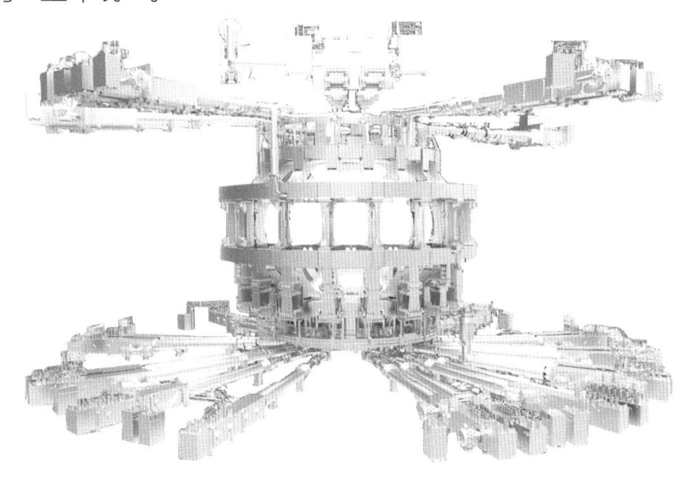

ITER磁体馈线与超导线圈连接图说明

中方攻克了众多技术难点，在高温超导电流引线、超导接头、低温绝热、低温高压绝缘等核心技术方面取得了诸多国际领先成果。中国制造的高温超导电流引线完全替代了日本等国的设计，研发的68千安级高温超导电流引线更是创造了在85千安下运行1小时，90千安下运行4分钟的世界纪录，该成果被ITER国际组织评为2018年度五大进展之一。

中方团队在不断的创新中实现多项中国创造，填补了国际空白，截至2017年，在ITER低温超导材料方面，我国占国际市场份额的60%，高温超导电流引线100%由中国提供，实现了超导材料、低温材料、大功率电源器件等技术和部件从无到有、到规模化生产并向欧美西方发达国家出口的飞跃。高温超导电流引线研发和生产能力已经达到国际一流水平。

国际一流超导技术助力ITER

“仰之弥高，钻之弥坚”，中国经过多年持之以恒的技术突破，孜孜不倦地推动着超导技术的研发。

为避免“人造太阳”内上亿摄氏度的高温等离子体直接接触装置内部件而造成损坏，科学家们认为采用磁场来约束“人造太阳”内部的超高温粒子，使带电粒子悬浮在装置内部是最好的方法。对于全超导托卡马克的ITER，为了产生能约束高温带电粒子的磁场，研制大电流低温超导磁体是非常重要的一环。

ITER超导磁体由4个系统组成：环向场（Toroidal Field，TF）线圈，中心螺线管（Central Solenoid，CS）线圈，极向场（Poloidal Field，PF）线圈和校正场（Correction Coil，CC）线圈。TF线圈系统由18个TF线圈构成，每个TF线圈由7根完整连续的基于Nb_3Sn超导线的铠装导体（CICC）绕制而成，共需要126根单元导体。PF线圈系统由6个不同尺寸的独立线圈组成，自上而下分别为PF1、PF2、PF3、PF4、PF5、PF6，是在等离子体的产生、上升、成形和平顶各个阶段提供加热和控制的重要部件。

TF和PF导体内流动着4.2开尔文（-269摄氏度）的超流态液氦，每根TF导体额定电流68千安，承受的磁场强度最高达12特斯拉，约为地球磁场的20万倍，每根PF导体额定电流45千安，磁场强度最高可达5特斯拉。

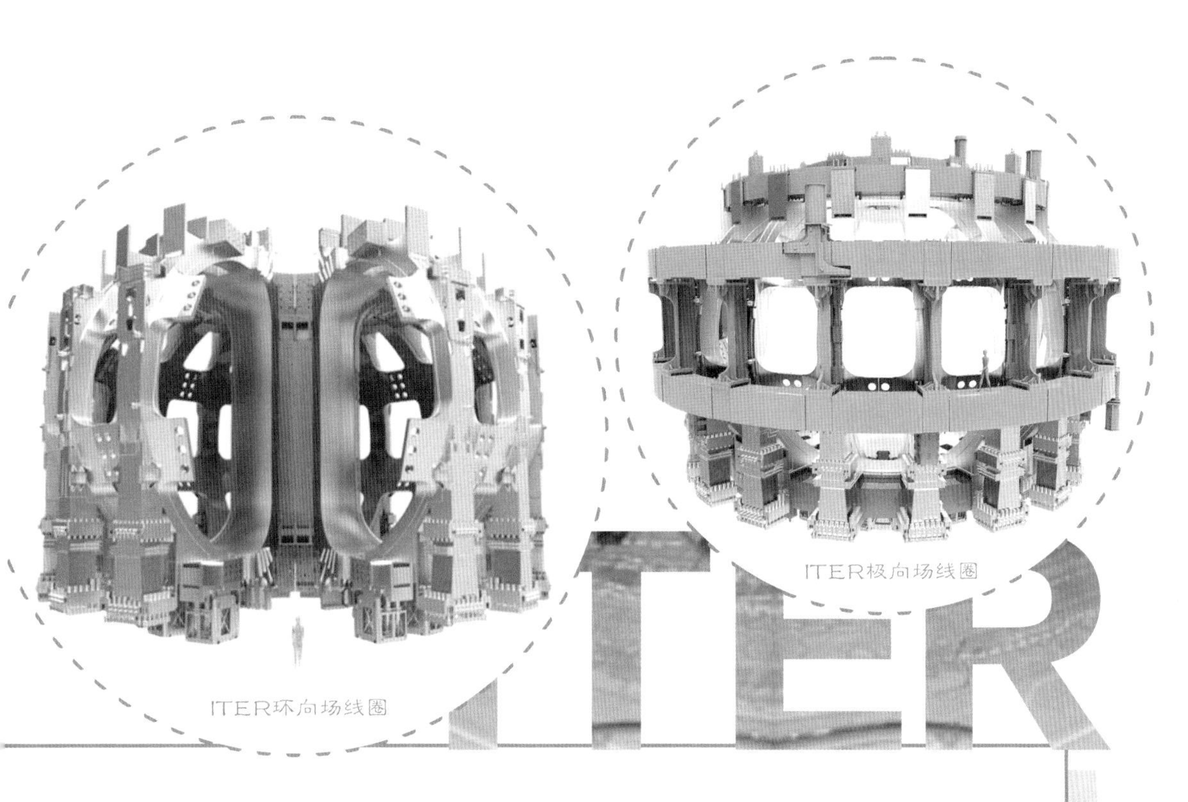

ITER环向场线圈

ITER极向场线圈

根据中方与ITER组织签署的协议，中国承担11根TF导体制造任务，约占全部TF导体制造任务的7.51%，负责PF2至PF5共60根PF导体，约占全部PF导体的65%，大型铠装超导导体是实现大型超导磁体技术的唯一选择，具有大电流、自支撑、迫流冷却、绝缘性好等特点，适用于磁约束核聚变领域。在国际上没有完善的大型铠装超导导体技术的情况下，中方团队经过多年研究，发展了低温超导体用Nb_3Sn和Nb-Ti超导线材批量制造技术和大尺寸导体集成制造技术，按照ITER要求，高标准完成技术认证，建立和完善ITER质量管理及过程控制体系，使中国的超导技术由此提升到一个新的水平。

2015年12月，TF导体采购包作为中国首个完成的采购包，实现了产品100%国产化、产品质量100%满足要求。该项任务的圆满完成是我国参与ITER计划的一项重要里程碑，标志着我国大型超导导体研制和工业化生产能力已经处于国际一流水平，为未来我国磁约束核聚变发展奠定了坚实的基础。

中国方案取代ITER电源系统原设计

ITER核聚变装置变流电源是由50多个超导和常规磁体线圈组成的超大型非线性负载，其负载线圈电感参数在几百毫亨至数十亨，相互之间存在强电磁耦合，储能高达数十吉焦。经过适当组合的磁体线圈需要用22套直流电源供电，这些直流电源从电网的交流电变换而来。ITER变流系统总安装功率达2300兆伏安，是目前世界规模最大的变流电源系统，占地约70万平方米，接近100个标准足球场大小，是世界上最复杂的大型电源系统之一，其特点是：

- 四象限、有环流运行
- 对地电压高达66千伏
- 存在严重的电磁兼容问题和复杂的控制系统
- 具有故障抑制功能（FSC）及完善的故障保护系统

ITER磁体电源主要任务包括交流/直流变流器和脉冲无功补偿高压变电站两部分。原ITER电源设计方案由欧盟、俄罗斯、日本、美国等组成的专家团队完成。2005年中方介入后，发现ITER电源系统原设计方案存在不安全性，所以提出了新的ITER电源设计方案。中方人员提出用外旁通代替内旁通、多变流器单元串联顺序控制减少无功补偿容量、变流系统和无功补偿系统联合控制等方法，解决了原方案中电网过电压、大型超导线圈失超时无电流续流旁路而引起的超导磁体，甚至整个装置过电压烧坏等问题。2008—2009年，ITER组织先后委托由世界著名专家组成的2个独立专家组对ITER电源原方案和中方提出的新方案进行评估，经过艰苦的谈判和评估，2个独立专家组最终均支持中方提出的新方案，并在2009年年底用该新方案取代了ITER电源系统原方案。中方提出的新电源方案不仅消除了ITER装置的安全隐患，而且为中方争取了约10亿元的贡献。2015年，中方研制出世界上首台一体化设计非同相逆并联四象限变流系统样机，研发了国内最大功率的直流测试平台及短路和稳态测试平台，并通过了中国合格评定国家认可委员会检测和校准实验室认可。检测中心出具的15项认可项目的检测报告得到包括法国、德国、意大利、英国、日本、美国等国家在内的35个国家和地区的认可。脉冲高压变电站供电总功率达到900兆伏安，相当于9万个100瓦灯泡的功率。截至2018年5月，700多种设备和材料已陆续全部抵达ITER现场，全部顺利通过所有的现场交付查验及ITER组织的认可。

中国工程为ITER安装“心脏”

2019年9月30日，在中国核工业集团有限公司董事长余剑锋和中国国际核聚变能源计划执行中心主任罗德隆的共同见证下，ITER组织总干事比戈代表ITER组织与中核集团牵头的中法联合体正式签订了ITER主机安装一号合同（Tokamak Assembly Contract No. 1，TAC1）。这是有史以来中国企业在欧洲市场中竞标的最大核能工程项目合同，同时也是中国核能单位首次以工程总承包形式成功参与的国际大科学工程项目，标志着中国核聚变技术走向海外，打造了响亮的中国名片。

TAC1安装标段工程是ITER托卡马克装置最重要的核心设备安装工程，其重要性相当于核电站的反应堆、人体里的“心脏”，其主要包括杜瓦结构的安装及杜瓦结构和真空容器之间所有的系统安装。该合同的签订是中核集团积极响应“一带一路”倡议的又一次坚定落实，意味着中国30多年不间断进行核电建设所形成的工程总承包能力及50多年的核聚变技术积累和国际影响力获国际核能高端市场认可。

ITER杜瓦结构：宽30米，高28米，体积16 000立方米，重达3850吨，功能是为真空室和超导磁体线圈提供真空和制冷环境。真空室是盛装上亿摄氏度高温粒子的容器，功能是提供真空环境，盛装等离子体，并为内部件提供支撑。

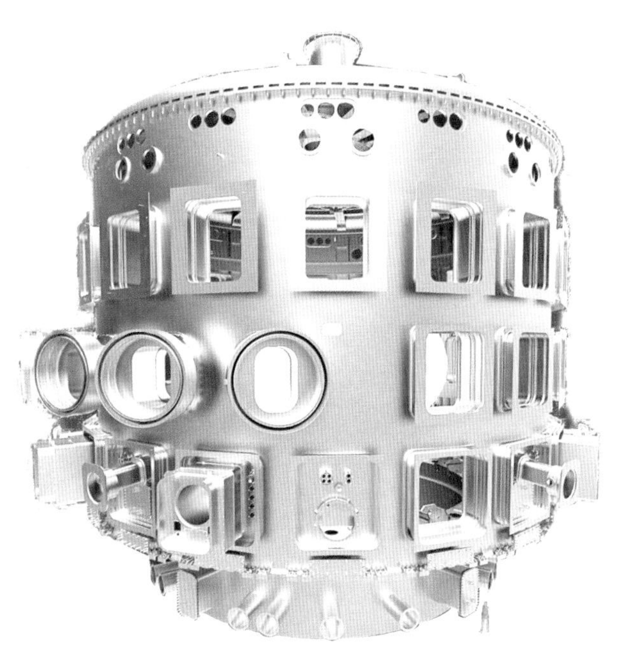

ITER杜瓦结构

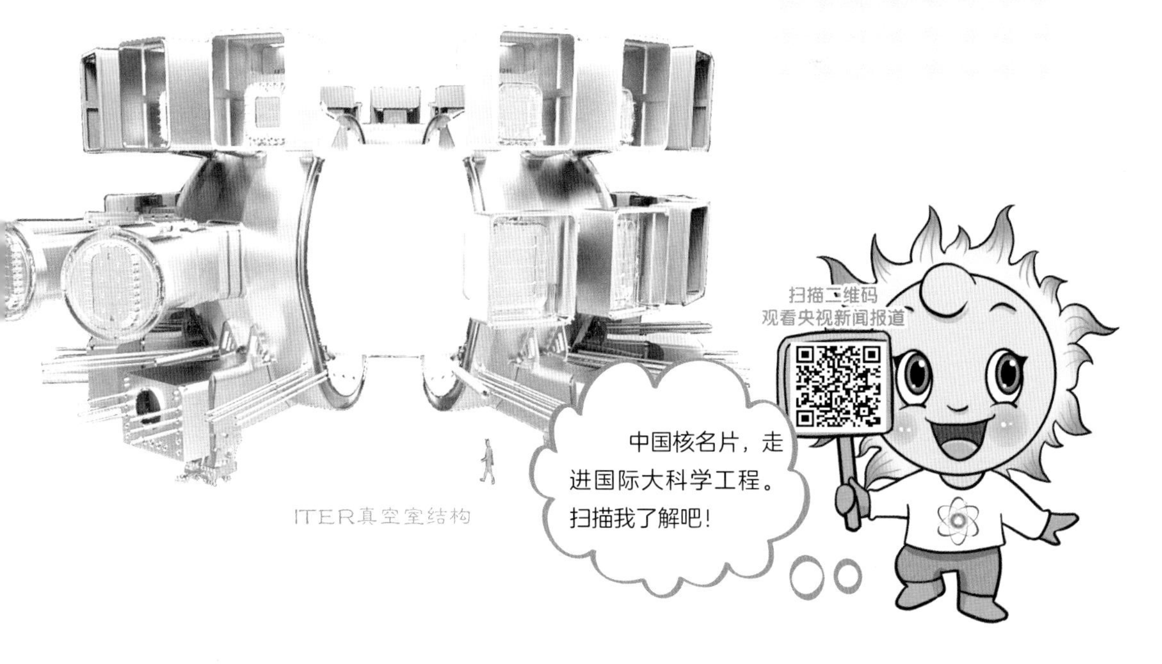

ITER真空室结构

十年磨一剑：世界核聚变画卷有了“中国印象”

十年ITER，中国一年比一年出彩。从科研人才储备到装置成果，从技术发展到国际合作，中国正在以自己不断强大的实力，获得整个世界的认可。接下来，太阳小子带你看看中国核聚变领域的“高光时刻”。

2018年，我国参与的国际热核聚变实验堆“ITER十年——回顾与展望”会议上，时任科技部部长万钢指出，通过参与国际热核聚变实验堆（ITER）计划，有力提升了我国科技创新能力、国际项目管理能力和专业技术人才培养能力。我国在材料科学、超导技术、精密加工等相关领域的研发能力和技术水平取得长足进步，有些技术已经成功实现产业化。中国将充分吸收借鉴ITER计划十年来组织管理的成功做法和经验，以科学前沿探索为目标，在基础研究和全球性问题等领域搭建开放创新平台，吸引国际一流专家学者和科研机构共同参与，为人类社会的繁荣发展做出更多的“中国贡献”。

ITER组织总干事比戈高度赞扬“中国贡献”，认为中国起到了“典范”作用。“中国的贡献非常、非常大，积极性很高，政府给予了充分支持。一直以来，中国总是按时按规格、高标准交付创新型的特定组件。所以，中国是这个项目建设的中坚和榜样。”

自加入ITER计划以来，我国核聚变研究事业蓬勃发展，极大促进了国内核聚变研究的发展，核聚变研究已从专业科研院所走进包括清华大学、西南交通大学、华中科技大学、中国科学技术大学等在内的各大高校，甚至吸引了民营企业的参与。

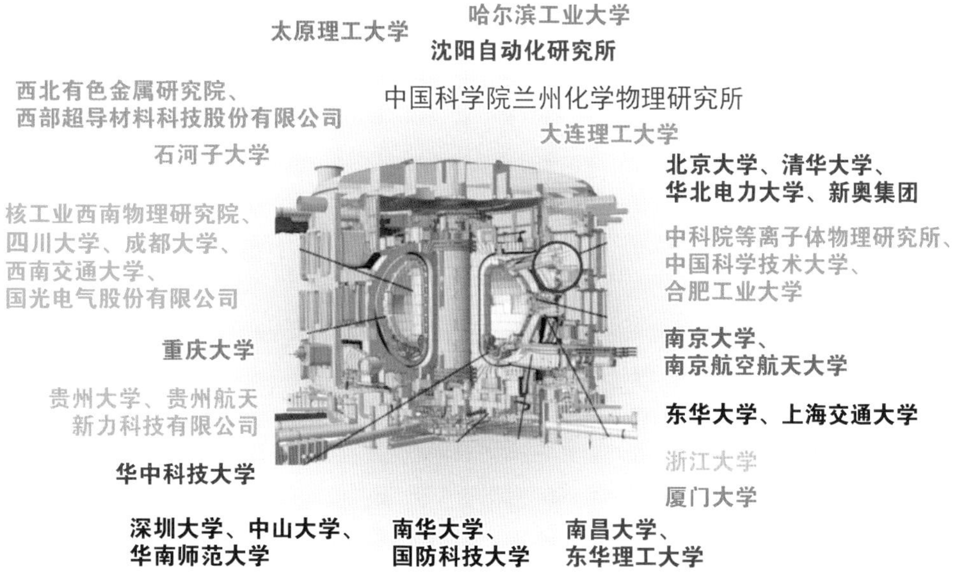

太原理工大学
哈尔滨工业大学
沈阳自动化研究所
西北有色金属研究院、
西部超导材料科技股份有限公司
中国科学院兰州化学物理研究所
大连理工大学
石河子大学
北京大学、清华大学、
华北电力大学、新奥集团
核工业西南物理研究院、
四川大学、成都大学、
西南交通大学、
国光电气股份有限公司
中科院等离子体物理研究所、
中国科学技术大学、
合肥工业大学
重庆大学
南京大学、
南京航空航天大学
贵州大学、贵州航天
新力科技有限公司
东华大学、上海交通大学
浙江大学
华中科技大学
厦门大学
深圳大学、中山大学、
华南师范大学
南华大学、
国防科技大学
南昌大学、
东华理工大学

中国参与ITER计划项目的研究院所、高校、企业

参与ITER计划的十年，是中国核聚变技术能力与管理水平大跨步前进的十年，有力提升了我国科技创新能力、国际项目管理能力和专业技术人才培养能力。

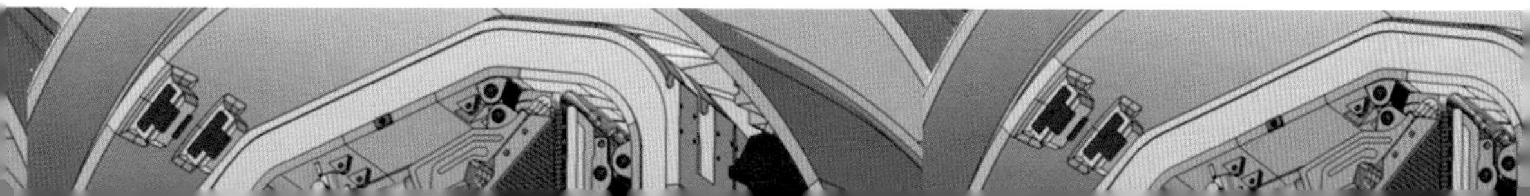

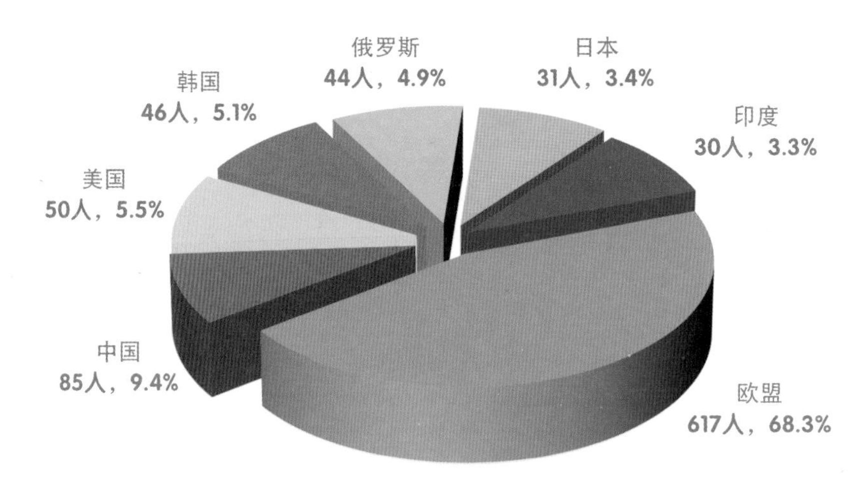

ITER组织各成员国派遣职员现状
（来自中国国际核聚变能源计划执行中心）

这些核聚变人才使我国在世界核聚变领域发挥越来越大的作用。截至2019年7月，ITER直接雇员总数达903人，共有85名中方职员在ITER组织执行任务，占员工总数的9.4%，为东道主欧盟外的六方之首。几乎涵盖了核聚变工程技术发展的所有重要方面，中国的知识产权也越来越得到有力的保障。

我国承担ITER采购包任务的一级供应商总共有20多家，这些企业实现了从无到有、从有到强的技术跨越，不仅填补了国内空白，其研发水平、产品还进入国际领先行列。很多企业因为承接了ITER工程的部件制造而变得“卓越”。因为ITER严格的质保体系检查，倒逼了很多企业高度重视自己的产品链，由此也走上了“国际化”的道路，与国际接轨，提高了自身的管理水平和完善了质量管理体系，无形中让企业塑造了自己的国际化思维，通过参与各类国际竞标，增长了见识，增强了自己的能力。

过去我国高纯度铍严重依赖进口，价格昂贵，通过参与ITER计划，承担ITER超级防火墙（第一壁）研发制造任务，终于在2010年，我国高纯度铍通过ITER组织认证，结束了我国无高纯度铍的历史。

过去我们的超导线材全部依赖进口，后来西北有色院按照ITER要求，

投入了一群年轻人着手进行超导线材的研发，研制的产品水平不只超过了ITER要求，还成功打开了国际市场，出口其他国家。

参与ITER计划前，我们做不出超导导体。我们用10年追赶了30年差距，西部超导材料科技股份有限公司建成了国际一流水平的生产线，获得17项发明专利、8项国防专利、7项实用新型专利，制定了47项工艺标准，成功向ITER提供价值近6亿元的超导线材，取得的技术成果已应用于我国核磁共振成像仪和超导加速器等领域，打破了长期以来我国超导线材依赖进口的状况。

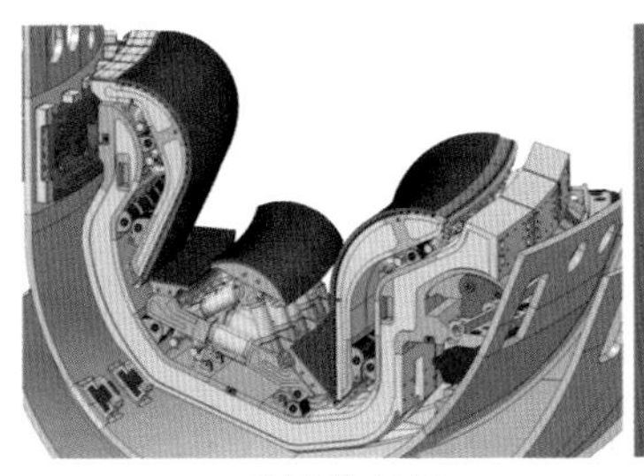
偏滤器材料

超导材料

包层第一壁材料

通过参与ITER计划，我国在等离子体辅助加热和电流驱动模拟、边界等离子体理论和模拟、等离子体湍流输运和不稳定性研究、计算机模拟程序开发等领域取得了一批重要成果，掌握了高负载遥操机器人、大功率中性束注入系统、钨偏滤器和长脉冲高功率离子源等关键技术，同时颁布了我国首批40项核聚变专项标准。

ITER计划时间表

2006年：中、美、俄、日、欧、韩、印七方在巴黎签署ITER协议

签署协议，进入实施阶段

1988—2001年：日、欧、俄、美开展ITER概念和工程设计

概念和工程设计

1985年：戈尔巴乔夫和里根倡议提出ITER计划

ITER计划提出

按照目前的计划，国际热核聚变实验堆（ITER）将在2025年年底实现首次点火并产生第一个等离子体，在2035年开始进行氘-氚聚变实验，为大规模商业开发核聚变能进行科学和技术认证。与此同时，各参与方将同时进行示范堆建设，为最终实现商业堆开发做准备。

2017年12月6日，ITER组织总干事贝尔纳·比戈（B. Bigot）宣布，世界上最大的“人造太阳”项目已经完成一半的建设工作，截至2019年年底，ITER的建设任务已完成了65%，而由中核集团牵头的人造太阳“心脏”即主机安装工作也在2020年4月21日拉开序幕。

24年：完成第一期装置建设

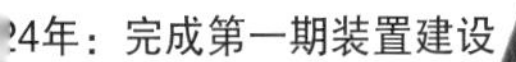

2025年：获得首次等离子体放电

建设任务完成，进入运行阶段

2035年：实现氘-氚运行

氘-氚聚变阶段

2020年7月28日，ITER计划重大工程安装启动仪式在法国ITER组织总部举行。中华人民共和国主席习近平致贺信。习近平主席指出，科学无国界，创新无止境。国际科技合作对于应对人类面临的全球性挑战具有重要意义。ITER计划承载着人类和平利用核聚变能的美好愿望，计划实施以来，中方始终恪守国际承诺，中国企业和科研人员勇挑重担，与国际同行齐心协力，为计划的顺利推进贡献了中国智慧和中国力量。10多年来的积极探索和实践充分证明，开放交流是探索科学前沿的关键路径。

习近平向国际热核聚变实验堆计划
重大工程安装启动仪式
致贺信

国际热核聚变实验堆（ITER）计划重大工程安装启动仪式7月28日在法国该组织总部举行。国家主席习近平致贺信。

习近平指出，科学无国界，创新无止境。国际科技合作对于应对人类面临的全球性挑战具有重要意义。国际热核聚变实验堆计划承载着人类和平利用核聚变能的美好愿望，计划实施以来，中方始终恪守国际承诺，中国企业和科研人员勇挑重担，与国际同行齐心协力，为计划的顺利推进贡献了中国智慧和中国力量。十多年来的积极探索和实践充分证明，开放交流是探索科学前沿的关键路径。

习近平强调，当前，全球正面临新冠肺炎疫情带来的严峻挑战，人类比以往任何时候都更需要携手前行、共克时艰。中方愿继续同各方加强科研交流合作、合力突破重大关键科学和技术，推进全球科技创新，为增进各国人民福祉、实现全球可持续发展不断作出新贡献。

国际热核聚变实验堆计划是当今世界规模最大、影响最深远的国际大科学工程，我国于2006年正式签约加入该计划。

ITER计划安装启动
习近平总书记致辞

扫描我看新闻！

THE CHAPTER

第八篇 8

必经之路：“人造太阳”还有一关

在60多年的发展历程中，核电技术经历了不同的发展阶段。你知道核聚变能源要达到商用有哪三步吗？你又知道各国核聚变示范堆的研发进展吗？……太阳小子为你收集整理，带你了解核聚变示范堆的研发进程。

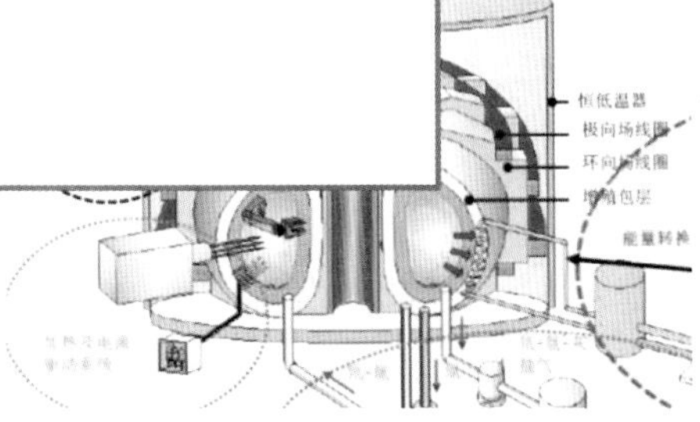

核聚变能源开发一定是以最后的安全稳定使用为第一目的，为了这个目标，科学家们将实现核聚变能的实用化分成了三大步骤，即实验堆—示范堆（DEMO）—商用堆，实验堆和示范堆分别承担着工程可行性和商用可行性的验证任务。理解了这三大步骤，会更好地理解我们每一项研究的目的。

实验堆是可控核聚变达到实用化的第一步，需要攻克许多的技术难题，主要是把一些理论数据用实验的方式加以验证，为真正的使用夯实基础。作为目前在建的世界第一个核聚变实验堆——国际热核聚变实验堆（ITER），是在进入ITER之后，示范堆建设之前，奠定实现核聚变能商用化路线的最重要一步。

实验堆有了，那下一步是什么？当实验堆得到稳定的输出结果后，便可建设一个拥有一定实用功能的核聚变堆，旨在给公众展示核聚变能源实际应用的可能性，这便是达成可控核聚变应用的第二步，我们称为“示范堆”，英文简称DEMO。示范堆是从实验堆发展到核聚变堆商用的过渡阶段，若这一步完成，也就标志着核聚变能源的开发已经解决了大部分的技术难题。

示范堆建成后，距离真正的应用还有最后至关重要的一步，那便是“商用堆”。当示范堆建成，核聚变反应能长期稳定运转，能量增益 $Q>1$时，我们便可以不断修复示范堆的缺陷，并且进一步研究示范堆的成功模式是否可以继续复制下去。但是单单做到 $Q>1$还远远不够。从成本计算考虑，烧锅炉的汽轮机热点转换效率在40%～70%，再加上一些损耗，姑且认为Q=2.5为成本价，那么要做到输出功率转化为电能后仍然大于输入功率，即核聚变堆要做到真正意义上的实用，需要Q>2.5。然而，作为商业运作，要获取收益，不仅要考虑商品的售价是否高于成本价，还需要考虑设备、人员成本等因素。比如雇请的员工数量、员工工资、员工的福利等因素，以及需要租用多大面积的办公室或厂房，制造这些东西又需要哪些设备，设备的购置费、折旧费、水电费及员工的附加福利等。同样的道理，如果要实现核聚变堆的商业化突破，必须考虑到上述费用。因此，一般认为Q>50才值得去推广，只有当Q>50时，才意味着输出能量转化为电能之后还可以创造盈利。等到那个时候，便将可控核聚变技术真正投入造福人类事业当中，而以此目的建成的核聚变堆，就是人类核聚变发展"三部曲"中的最后一步——商用堆。至此，基本上可以宣告核聚变能源的应用达到了真正的实用化。

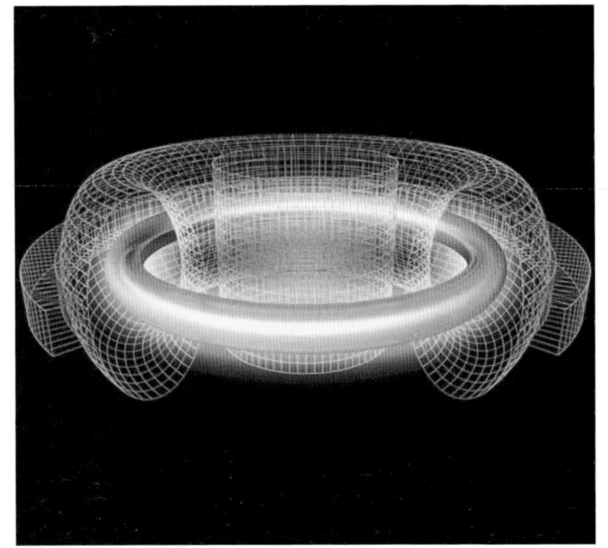

考虑到我国的能源发展战略和实际国情，我国核聚变能发展也建立了三步走的发展规划。

第一步（2005—2015年）： 面向国际前沿，夯实国内基础。参加ITER建设，迅速提高国内核聚变关键技术水平，全面掌握实验堆设计与制造技术；

第二步（2015—2030年）： 面向国家战略能源需求，建造中国自己的稳态燃烧托卡马克实验堆。开展核聚变示范堆关键部件、关键技术或关键工艺预研或攻关，全面掌握核聚变示范堆技术；

第三步（2030—2050年）： 实现科研到商业化的转变，继续走国际合作之路，联合建造示范堆，或者建造“中国磁约束核聚变示范堆”，进而实现核聚变能源的商用化。

ITER的建造、运行和实验研究是人类发展核聚变能过程中必要的一步，有可能直接决定真正核聚变示范电站的设计和建造，进而促进商用核聚变电站的更快实现。但从ITER到示范堆，它们之间存在很多技术上的跨越，直接过渡到示范堆具有极大的风险，必须采取措施对这些技术上的差距进行弥补，对未来核聚变堆的主要部件进行综合试验，研究氚的增殖、提取、回收与包容约束工艺技术及示范堆条件下的材料试验等。为此，中国、俄罗斯、印度、韩国和美国均分别考虑了在ITER到示范堆之间搭建一个桥梁，即过渡装置，它们分别是CFETR（中国）、KTM（俄罗斯）、EFBR（印度）、K-DEMO（韩国）、FNSF（美国）；而欧盟、日本则是通过双边计划，即通过IFMIF（国际核聚变材料辐照设施）的设计、建造和工艺验证来开展未来核聚变电站环境下PFC（面向等离子体的部件）先进材料研究等多项课题的研究。根据各国的核聚变发展路线图，上述过渡装置的建造运行都计划在21世纪30年代完成，之后将进入示范堆的建造。

美国的计划

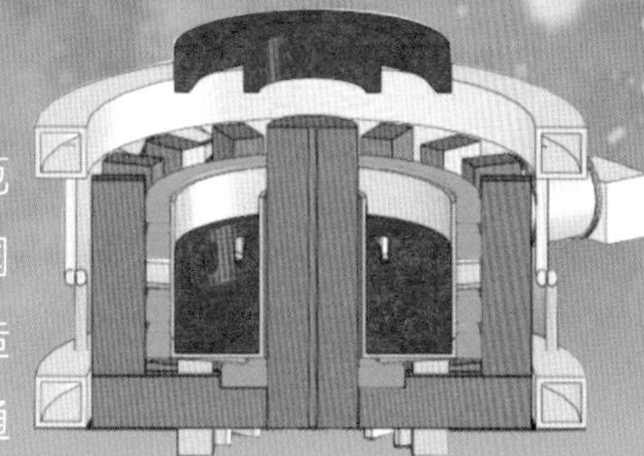

FNSF-AT（FDF）

为解决从国际热核聚变实验堆（ITER）到示范堆（DEMO）之间存在的众多技术上的差距，美国制定了核聚变核科学研究大纲（FNSP）并提出建造核聚变核科学研究设施（FNSF）的设想，由美国通用原子公司（GA）和橡树岭国家实验室共同研发。FNSF作为ITER之后进一步提高各种性能指标的全面补充，它是美国在ITER之后下一步通往示范堆的战略考虑。FNSP和FNSF几乎可以弥补ITER到示范堆之间所有的差距。有两个可供选择的候选方案：紧凑的等离子体低环径比方案，即先进FNSF-AT（FDF）；稳态FNSF-ST（ST-CTF）。FNSF-AT被看作一个紧凑的中等尺寸的准示范堆，中子通量为ITER的10倍，氚增殖率大于1，仅使用适当数量的氚燃料。

FNSF

FNSF-ST（ST-CTF）

美国商用核聚变设施的概念设计包括两个主要的核聚变堆概念设计与新概念技术探索国家研究计划：国家聚变电站研究计划（Advanced Reactor Innovation and Evaluation Study，ARIES）和先进功率密度提取研究计划（Advanced Power Extraction Study，APEX）。

先进功率密度提取研究计划是1990年由美国能源部核聚变能办公室资助，加州大学圣地亚哥分校牵头多个机构参与的国家研究项目，主要任务是开展先进核聚变电站概念设计，探索核聚变能发展潜力并给出关键技术的研发方向。美国先后实施了一系列核聚变堆概念设计，命名为ARIES-Ⅰ、ARIES-Ⅱ、ARIES-Ⅲ、ARIES-Ⅳ、ARIES-ST、ARIES-RS、ARIES-AT、ARIES-CS。在堆芯物理方面，早期的研究是ARIES-Ⅰ、ARIES-Ⅱ、ARIES-Ⅳ先进物理运行模式，随后发展到反剪切托卡马克ARIES-RS和先进托卡马克ARIES-AT模式，改善了堆芯物理特性，提高了纵场口，降低了纵场要求；低环径比(A<2 ）的球形环托卡马克ARIES-ST将纵场大幅提高至50%以上，为紧凑型中子源提供了候选；目前正在研究的紧凑型仿星器ARIES-CS为无外部电流驱动的稳态运行模式，为未来核聚变堆的物理堆芯的候选提供参考。

在工程方面，早期的ARIES-Ⅰ、ARIES-Ⅳ就以满足发电经济性、安全与环境特性为要求，包层选用碳化硅为结构材料，固态陶瓷Li_2ZrO_3、Li_2O作增殖材料，采用先进氦气循环发电。后期，为进一步适应高功率密度、高温与高热转换效率的要求，主要发展液态金属增殖剂包层，如ARIES-Ⅱ、ARIES-RS的液态锂自冷，以钒合金为结构材料的包层；

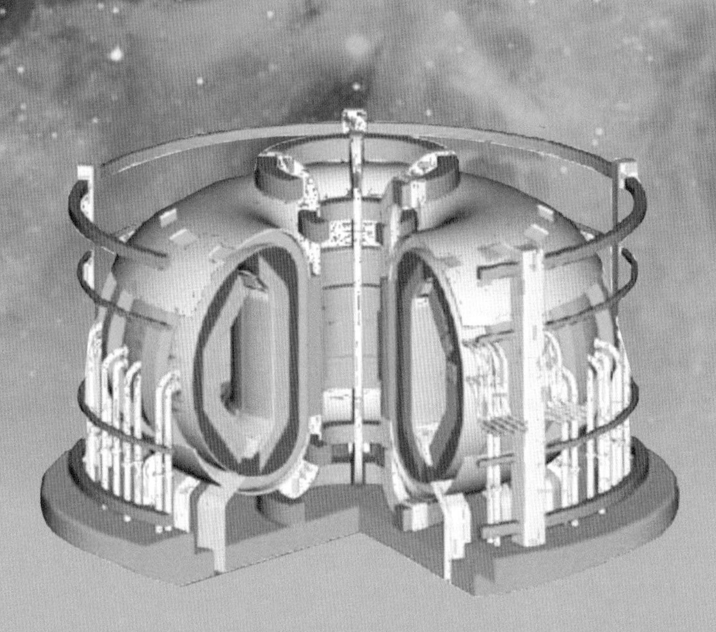
ARIES概念图

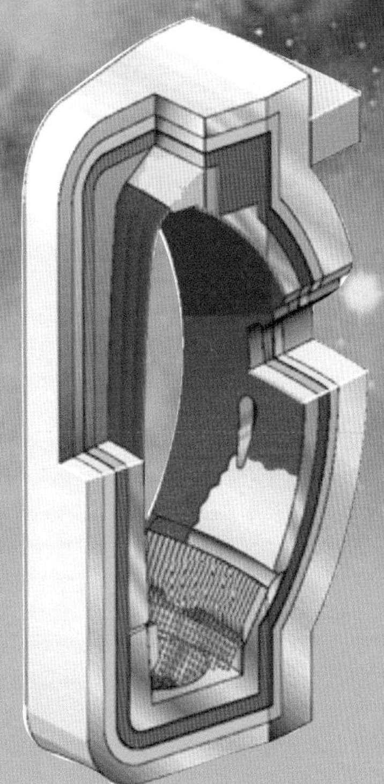
APEX概念图

ARIES-ST采用双冷(氦气和液态金属锂铅)包层，氧化弥散（ODS）铁素体钢作结构材料，加碳化硅流道绝缘插件，ARIES-AT采用液态金属锂铅自冷却碳化硅包层等。

先进功率密度提取研究计划始于1998年，是美国核聚变能源科学计划的一部分，主要任务是探索新颖、革新性的堆内部件技术概念，希望根本性地提高未来核聚变能源系统的吸引力。其技术目标包括高功率密度、高热电转化效率和高可用性等。主要研究的新概念有液态金属壁技术和高温锂汽化、高温材料固态壁包层技术。

APEX

俄罗斯的考虑

对拥有大量资源基地的俄罗斯来说，资源缺乏问题并不迫切。但是必须远距离输送能源，燃料和已生产能源的运输问题被推上了首要位置。预计到2030年，世界各国的总能源需求将是现在的3倍，目前俄罗斯生产能源大部分是用热能形式，以这种形式发展，到时将会有巨大的隐患，在这种情况下，只有发展热核能源才有可能解决能源危机。根据俄罗斯的官方发言，发展热核能源的战略将使俄罗斯向新能源时代前进一大步，因此俄罗斯的这项能源战略必须尽可能的严谨和务实。

俄罗斯是从事核聚变研究较早的国家之一，T-3装置是世界上第一个获得高品质约束性能的托卡马克；T-7是世界上第一个超导托卡马克；T-15是世界上最大的超导托卡马克。在核聚变工程技术方面，目前俄罗斯仍然保持着较领先的水平。作为ITER之后到示范堆之间的过渡装置，俄罗斯正在建造和研制IGNITOR和KTM托卡马克。IGNITOR是俄罗斯和意大利共同建造的强磁场反应堆，目标是实现“点火”；KTM由俄罗斯与哈萨克斯坦联合研制，目标是开发用于核聚变反应堆的材料、技术及开展建造原理研究和测试的原型装置。

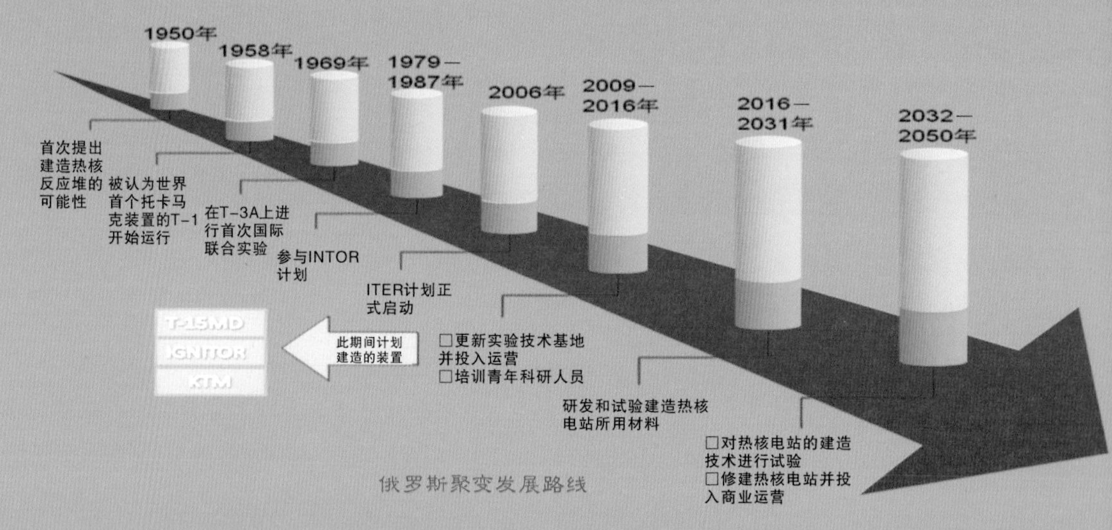

俄罗斯聚变发展路线

欧盟的目标

国际热核聚变实验堆（ITER）建造在欧洲，所以对于欧洲来说消化和掌握ITER技术，更具便利条件。根据欧盟核聚变研究规划的发展战略，欧洲联合环（JET）之后要建造和运行下一代欧洲联合环和一个示范动力堆（DEMO）。下一代欧洲联合环的主要目标是达到长脉冲运行下的热核点火，为建造电功率接近将来商用电功率的示范堆提供基本数据。同时重点开展国际核聚变材料辐照设施IFMIF的研究，这是为了研究核聚变电站和示范堆使用何种材料而开展的一项有意义的工作；在未来30年解决托卡马克核聚变堆的稳态运行、燃烧等离子体物理和核聚变堆材料等关键问题。目标是30年后建成发电量大于1吉瓦与裂变电站性能可比的稳态核聚变示范电站。

另外，欧盟于2000年启动了聚变电站概念研究（PPCS）计划，该计划的主要目的是评估核聚变能的潜力，以及确立一个具有可持续性和优先权的核聚变计划。PPCS分为4种模型：PPCS-A、PPCS-B、PPCS-C、PPCS-D。该计划分为3个阶段，第一阶段借用早先的研究结果及非欧盟组织的评论结果以改进核聚变电站设计的草案目标。第二阶段延续此项工

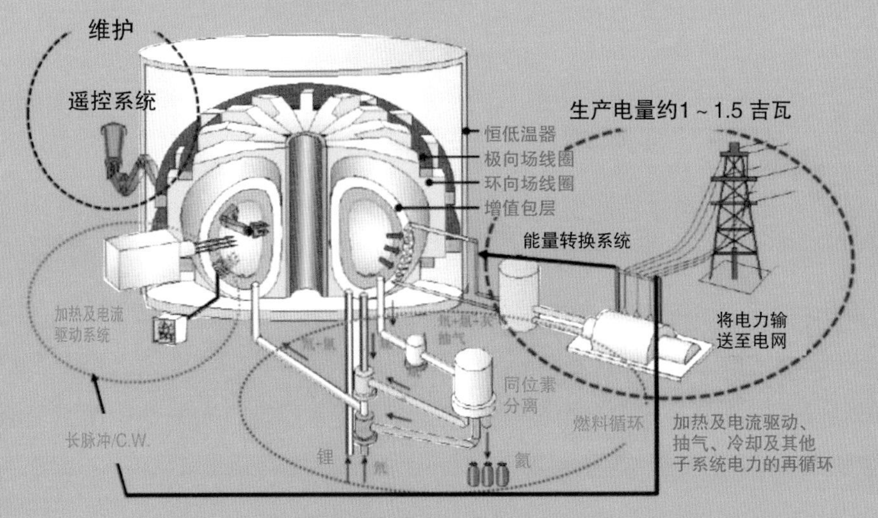

欧洲聚变电站示意图

作并集中在以下3个方面的活动：a．明确阐述物理学的要求和评价它们对核聚变电力设计的影响；b．远程维护概念的外推，目的在于反应堆的高度可用性；c．研究达到安全性和实现经济目标的敏感性，以满足其他技术要求。第三阶段由几个商业性核聚变电站模型的概念设计和它们的安全性评价、环境评价和经济评价构成。PPCS的相关研究和测试由德国的卡尔斯鲁厄研究所（KIT）进行，并设计了4种核聚变电站模式（A、B、C、D），分别按照不同的包层和偏滤器的冷却模式（水冷、氦冷、液态金属冷却）、结构材料（Eurofer钢、SiC）、氚增殖材料（Pb-Li、Li-ceramics）来进行分类。

中国的研发

中国的核聚变堆设计研究工作从20世纪70年代起步。20世纪70 年代初，核工业西南物理研究院委托兰州近代物理所开展核聚变堆中子学的工作。1974年成立了一个课题组，着手核聚变堆的研究工作。从核数据收集、评价、群截面数据制作到研制中子输运程序等进行了系统的工作，并对包层参数做了计算。同时也开展了一些堆芯等离子体物理、热工、堆结构方面的研究工作。1978年对外开放，通过“请进来、派出去”，显著地推动了核聚变堆研究工作的发展。

1984年，核工业西南物理研究院成立了核聚变堆设计研究室，从以前分散的专题研究转入堆整体的概念设计研究，其中部分工作目前已进入工程性的设计研究阶段。到1996年，完成了多种核聚变堆概念设计：在核聚变燃料方面，有氘-氚和D^3He核聚变堆；在等离子体约束位形方面，有磁镜堆和托卡马克堆；在堆的用途方面，有纯聚变堆、核聚变增殖堆和嬗变堆；在发展阶段方面，有实验堆和商用堆。20世纪80年代初期，李正武院士提出了镜环组合核聚变堆概念，其间核工业西南物理研究院黄锦华先生由国家公派到美国威斯康星大学做访问学者，回国后组织在核工业西南物理研究院核聚变堆研究室开展聚变-裂变混合堆的研究，其后混合堆研究被列入国家"863"计划，得到国家长达15年的经费支持，研究成果在国际上产生了广泛的影响。先后完成了核聚变实验增殖堆FEB系列设计和核聚变实验堆工程性设计FEB-E。

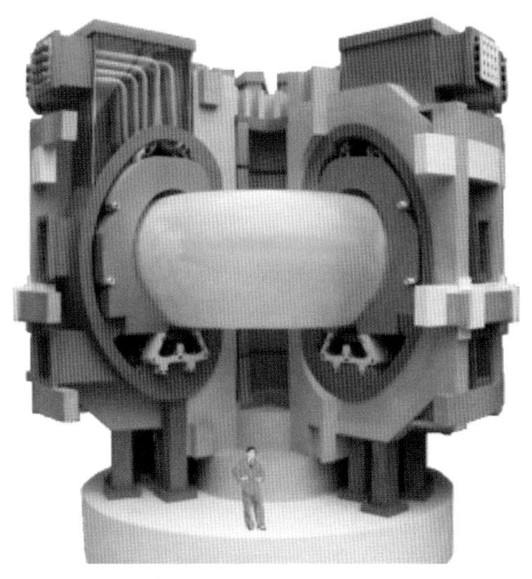

聚变-裂变混合堆设计示意图

为了尽快促使核聚变能源在中国的早日利用，中国核聚变能开发的战略步骤为"核聚变能技术—核聚变能工程—核聚变能商用"3个阶段。

第一阶段（2010—2020年）：以建立接近堆芯级稳态等离子实验平台为目标，吸收消化、开发与储备后ITER（post-ITER）核聚变堆关键技术，启动设计并筹备建设200～500兆瓦的中国聚变工程实验堆（China Fusion Engineering Testing Reactor，CFETR）。

第二阶段（2021—2035年）：自主设计建造和运行中国聚变工程实验堆CFETR，验证聚变能工程技术（聚变功率为200兆瓦），示范（DEMO）聚变能商业化可行性（聚变功率为1吉瓦）。

第三阶段（2036—2050年）：设计和建设中国商业聚变反应堆（聚变功率为3吉瓦），2050年前后在中国实现聚变能商业化规模化应用。

日本的执着

日本对核聚变的投入较大。日本是资源贫乏的国家，因而对核聚变能有紧迫的需求。2007年，在日本政府公布的第三期科学技术基本计划中，核聚变被定位为重点科学技术课题。日本在参加国际热核聚变实验堆（ITER）的同时，正在将现有装置JT-60改造为大型超导托卡马克装置JT-60SA，拟将JT-60SA作为ITER的卫星装置，开展燃烧等离子体物理实验，解决ITER向示范堆（DEMO）过渡期间必须解决的物理和工程技术问题、材料问题等，尤其是稳态运行的问题。

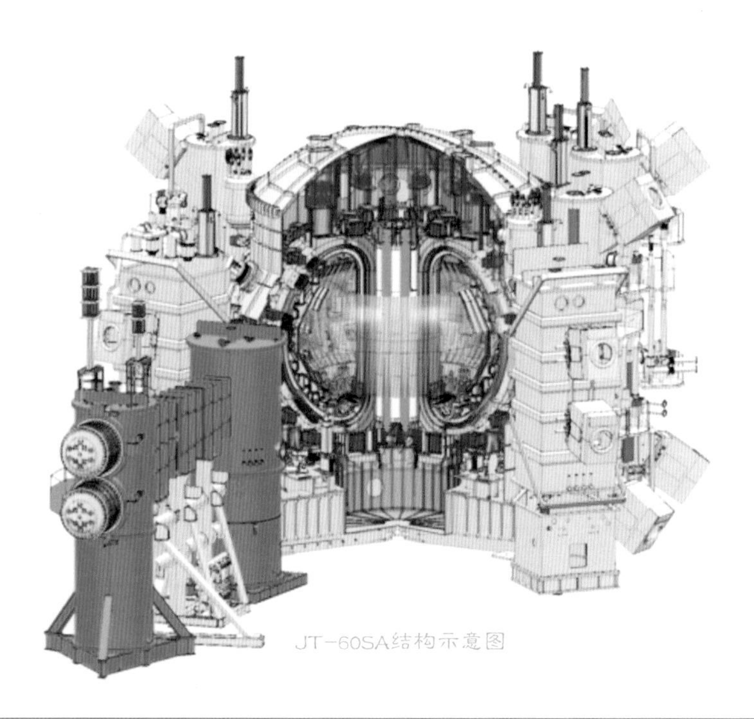

JT-60SA结构示意图

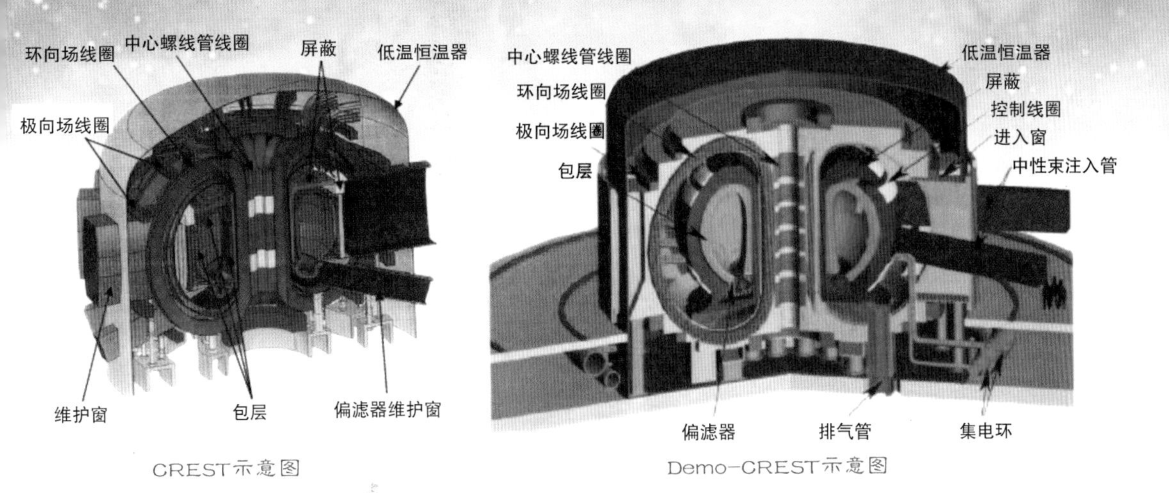

CREST示意图

Demo-CREST示意图

Demo-CREST 是日本研发中的发电验证示范堆，尚处于概念研发阶段。由日本电力中央研究所日本原子能研究开发机构负责研发。日本设想的托卡马克示范堆的堆芯尺寸基本与ITER相同，并具备吉瓦级的发电能力。考虑到该示范堆可连续运行一年左右，需要很高的装置效率、输电端较高的输出功率稳定性及整体氚增殖率（Tritium Breeding Ratio，TBR）超过1，Demo-CREST考虑通过包层模块的大型化，提高中子利用效率，从而获得高的氚增殖率。日本的方案提出了针对这种大型包层的更换手段（包层做成集成块式，可抽出旧的，安装新的），可以缩短维护时间，并能实现高效率的包层更换，其目的是通过这种改进，生成需要的氚燃料并提高堆内设备的维护性能，实现示范堆的稳定运行。

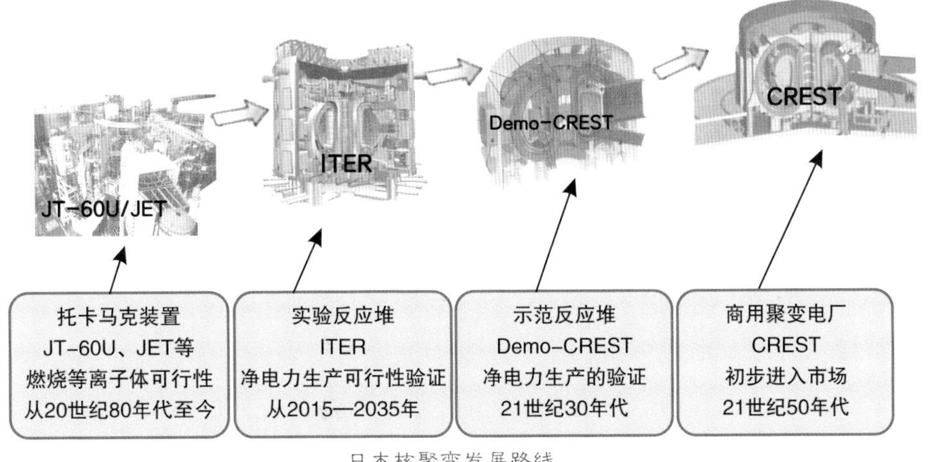

日本核聚变发展路线

韩国的设计

韩国的基本计划是将目前正在运行的大型超导托卡马克装置KSTAR过渡到国际热核聚变实验堆（ITER），再过渡到示范堆（DEMO）（21世纪30年代），在21世纪40年代建造核聚变电站。示范堆的设计从2020年开始。可以看出，DEMO的设计建造周期是10年，其核聚变电站的设计和建造也是10年。

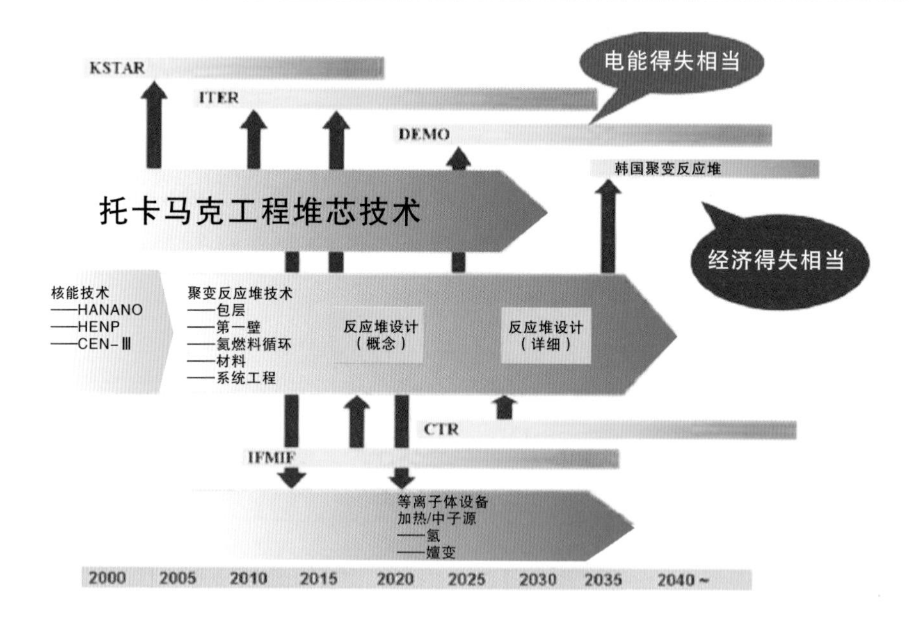

韩国的核聚变发展路线图

韩国示范聚变堆（K-DEMO）是韩国实现商用核聚变电站前的最后一步。韩国是世界上第一个为核聚变能源发展制定法律基础的国家。2008年，韩国政府颁布核聚变能源开发促进法（FEDPL），表明韩国示范堆研发迈出了决定性的一步。在此框架内，韩国政府于2012年年底启动了本国核聚变堆示范装置的研发计划项目，并与美国普林斯顿等离子体物理实验室（PPPL）达成协议，由韩国大田国家核聚变研究所与PPPL合作进行韩国K-DEMO的概念设计。K-DEMO设定的最终建成时间在2037年年底之前，预计投资9.41亿美元。K-DEMO项目分为两个阶段。第一个阶段，称为K-DEMO-1，为部件开发研制阶段；第二个阶段，称为K-DEMO-2，为部件利用阶段，产生核聚变能并发电，预计在完成整个K-DEMO项目之后建造商业核聚变电站。

K-DEMO第一运行阶段的部件测试设施，计划从2037年运行到2050年左右。第二运行阶段，计划将于2050年启动，为了全稳态运行和发电，将更换大部分内室部件。在技术与性能上，K-DEMO距离商业核聚变电站仅一步之遥。

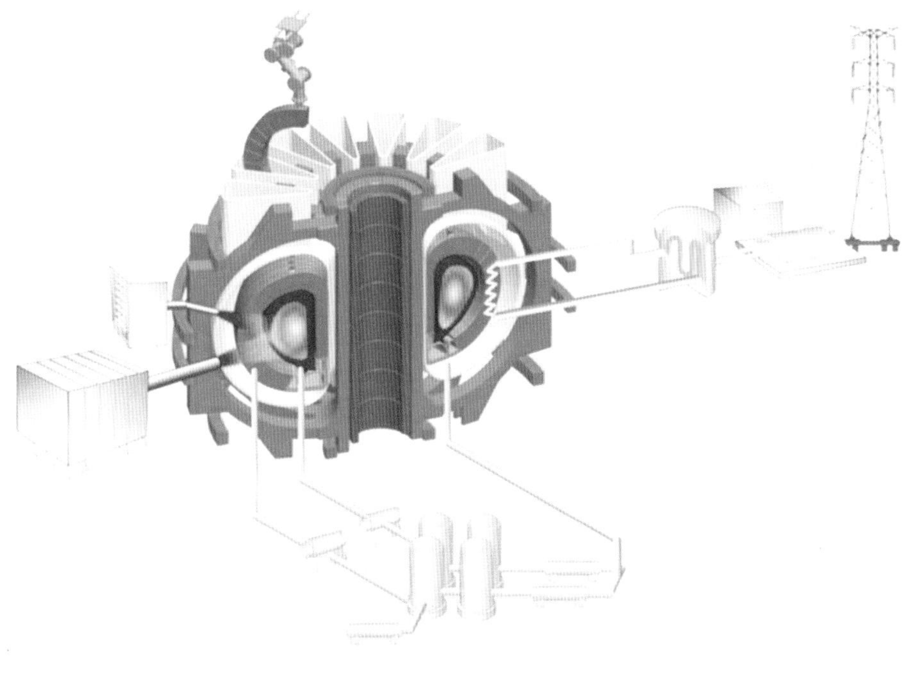

K-DEMO概念图

印度的探索

印度作为发展中国家核聚变研究第二大国，在国际核聚变界可能会发挥更重要的作用。印度的计划是从目前的SST-1逐步过渡到未来ITER，在国际热核聚变实验堆（ITER）工程建造和实验的同时建造SST-2并开展国内研究，在2037年建成DEMO，在2060年建造两个1吉瓦的核聚变电站。

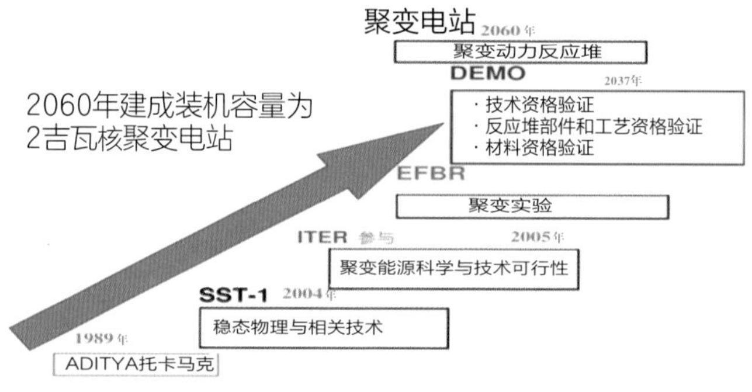

2004—2022年	运行SST-1，进行稳态物理和相关技术研究
	参与ITER，证明聚变能源的科学和技术可行性，派大量人员到ITER学习和工作
	建造聚变功率达1吉瓦的EFBR，实现氚自持
2022年	建成SST-2
2037年	建成聚变功率达3.3吉瓦的印度示范堆(India DEMO)，进行技术资格验证、反应堆部件和工艺资格验证、材料资格验证
2060年	建成2×1吉瓦核聚变电站

印度聚变发展路线

印度DEMO的目标是在Q约为30的情况下产生1吉瓦以上的核聚变功率；装置的可利用率最初约30%，最后将达到60%。使用期限预计为40年。在DEMO上的运行经验将用于未来核聚变电站的设计。印度提出了两个DEMO增殖包层概念：一个是锂铅冷却陶瓷增殖剂（LLCB）；另一个是常规固态包层概念，即氦冷固态增殖剂（Helium-Cooled Solid Breeder，HCSB）概念。

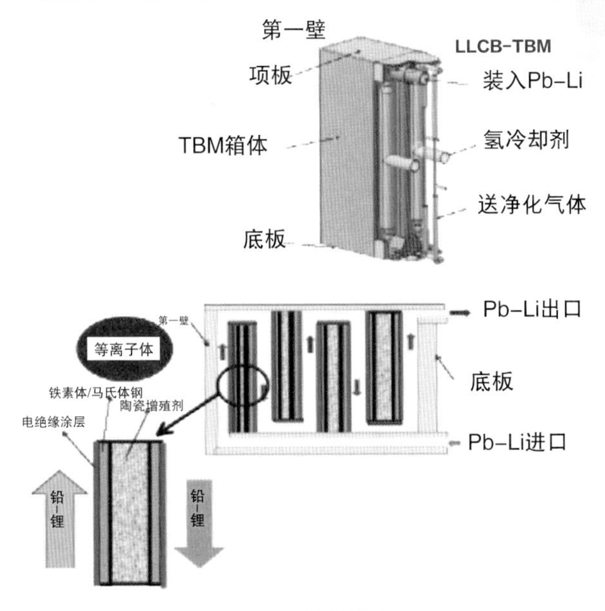

LLCB TBM及其原理

按照印度核聚变发展路线计划，2037年建成DEMO，进行技术资格验证、反应堆部件和工艺资格验证，以及材料资格验证。预计在未来30年内，印度将广泛开展DEMO的各项活动，着重开展核聚变堆相关的综合物理模拟、超导磁体系统、偏滤器系统、先进材料，以及电源、加热和电流驱动系统等技术的研发，争取在2050年建成核聚变电站。

DEMO是建造商用核聚变堆之前的最后一步，将全面演示核聚变电站的工程技术、安全和经济可行性，以及主要关键技术和综合性能。为此，DEMO应具有适当的核聚变功率（1500~2000兆瓦）和中子壁负载（2.0~2.5兆瓦/米^2），其尺寸将接近商用核聚变堆。美国、日本和俄罗斯在参与ITER计划的同时，进行了大量的DEMO设计研究，最典型的是美国UCSD持续进行了15年之久的ARIES核聚变堆系列设计。目前进行的ITER实验包层模块（ITER-TBM）计划，就是为将来的DEMO的包层技术做实验验证，提出将来的DEMO的主要技术路线和发展目标。预期的DEMO或在2035年前后建造和运行。

THE
CHAPTER

第九篇

9

托起明天的太阳：希望在中国，造福千万家

我国核能发展的每一步都是中国能源史的一大跨越，是无数核工业者不懈奋斗的成果。可控核聚变，已经从早年的镜花水月一步步向现实的新能源迈进。中国的“人造太阳”何时升起？我国对它有什么具体的发展计划？……接下来，快和太阳小子一起看看中国“人造太阳”的升起蓝图是如何在我国科技工作者手上描绘的。

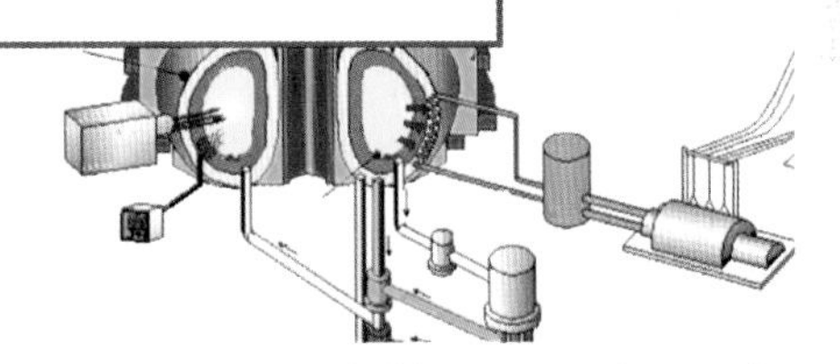

“三步走”确定终极能源解决方案

我国的核聚变研究与发达国家几乎同时起步，经过50多年的努力，虽然总体水平与发达国家尚有差距，但在核聚变堆关键技术与物理研究方面，部分研究已经进入世界前列。

1983年6月，国务院科技领导小组主持召开专家论证会，提出了中国核能发展“三步走”，即压水堆—快堆—核聚变堆的战略，在《国家能源发展“十二五”规划》中，提出了安全高效发展核电的主要任务，继续明确了坚持热堆、快堆、核聚变堆“三步走”的技术路线。中国核能发展的第一步，是发展以压水堆为代表的热中子反应堆，即利用加压轻水慢化后的热中子产生裂变的能量来发电的反应堆技术，利用铀资源中0.7%的^{235}U，解决“百年”的核能发展问题；第二步，发展以快堆为代表的增殖与

第三步：核聚变堆

第一步：压水堆

第二步：快堆

中国核能发展“三步走”示意图

嬗变堆，即由快中子引起裂变反应，可以利用铀资源中99.3%的^{238}U，解决“千年”的核能发展问题；第三步，发展可控核聚变堆技术，希望这一步成为人类能源的终极解决方案，一劳永逸地解决能源问题。

热堆：核能发展蓄力的第一步

目前，核电站所用的热堆利用链式裂变反应产生能量，全球核反应堆中以压水堆为主。核反应堆按照燃料、中子能量、慢化剂和冷却剂不同，分为多种类型。按燃料循环分为铀—钚循环和钍—铀循环；按发生反应的中子能量分为热中子反应堆和快中子反应堆；按冷却剂分为轻水堆和重水堆；按慢化剂分为石墨堆、轻水堆和重水堆，其中，轻水堆又分为压水堆和沸水堆。目前，全球投运的核反应堆约 450个，其中使用铀-235作为燃料，轻水作为冷却剂和慢化剂的压水堆占据绝大多数。

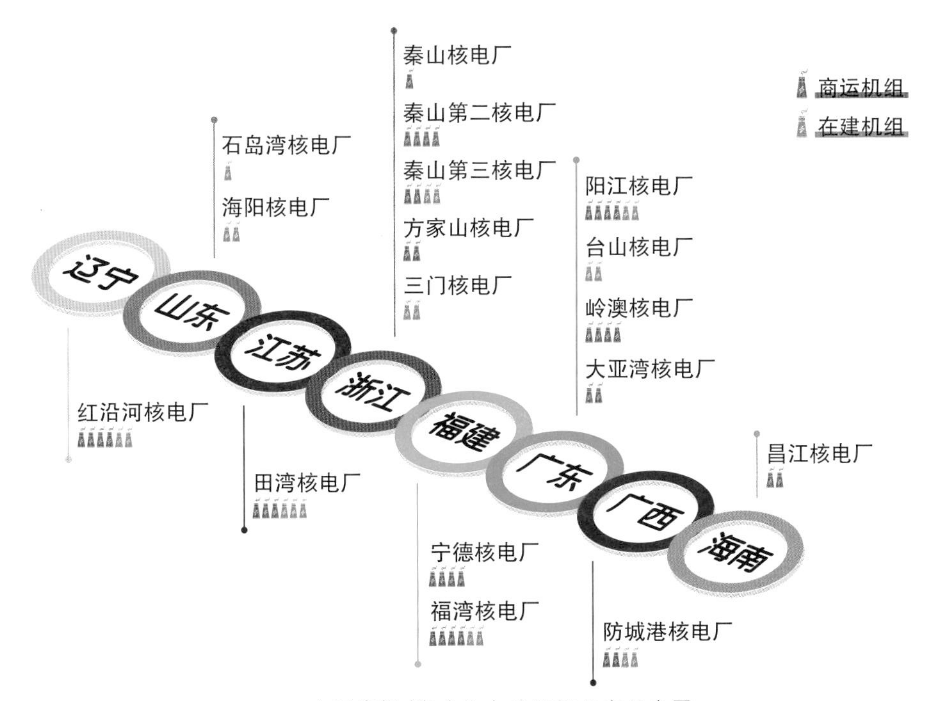

中国商运/在建核电站机组分布示意图

我国核电在技术方面日益成熟，不但拥有自主研发的三代技术，还在积极拓展四代技术，为日后行业健康稳定发展提供坚实有力的技术支持。截至2019年年底，我国投入商业运行的核电机组共47台（未含中国台湾地区），装机容量达到4875.1万千瓦；在建核电机组13台，总装机容量1387.1万千瓦。作为为数不多的可发挥基荷电厂作用的清洁能源，核电在我国未来能源结构中必将占据一席之地。

秦山核电厂

快堆：承上启下，不可缺少的核能发展第二步

快堆，即“快中子反应堆”的简称，是世界上第四代先进核能系统的首选堆型，代表了第四代核能系统的发展方向。其形成的核燃料闭合式循环，可以使铀资源利用率提高至60%以上，也可以使核废料产生量得到最大程度的降低，实现放射性废物最小化。核反应燃料主要是铀，每一千个

铀原子当中只有7个是铀-235，其余大部分是铀-238。普遍使用的压水堆主要以铀-235为燃料，热中子轰击铀-235，会使其裂变成2～3个快中子和2个较轻的原子核，然后快中子经慢化剂减速为热中子后继续轰击铀-235，使得裂变反应能够持续进行。而快堆是以钚-239为燃料，钚-239裂变又可将占铀大部分的铀-238变成钚-239，使铀的利用率提高到60%～70%，使核燃料快速增殖，所以这种反应堆又称快速增殖堆。在热中子反应堆内，中子的速度要通过慢化剂（水）慢化之后打击到目标核铀-235上，才能引起裂变放出能量，发电时，核燃料铀-235越烧越少。快中子反应堆不需要慢化剂，它由快中子引发铀-238转化为钚-239裂变，在发电的同时，核燃料增殖，会越烧越多。但是实际上还是消耗了外部材料铀-238，使更多的铀-238参与反应。

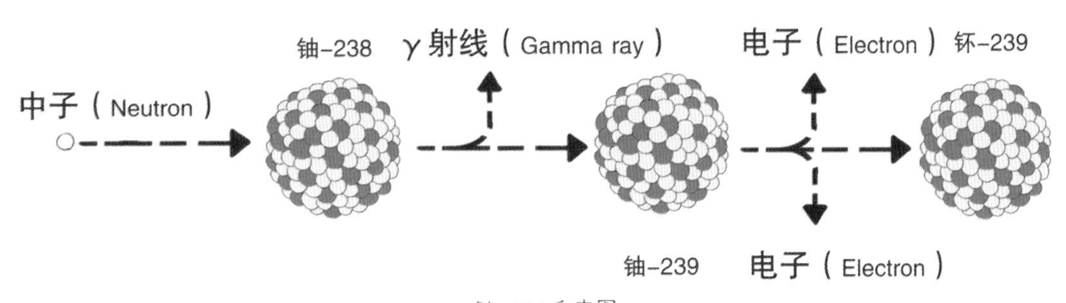

铀-238反应图

快堆主要有以下优点：

▶快堆不仅把铀资源的有效利用率增大数十倍，而且也将铀资源本身扩大几百倍以上。因为，一旦大量使用快堆，快堆的利用就可能为人类提供极其丰富的能源。

▶快堆核电站是热中子堆核电站的进一步发展。核工业的发展堆积了大量的贫铀（含铀－235，很少的铀－238），快堆消耗的正是贫铀。用贫铀来发电，同时还增殖燃料，实在是一举多得的好事。热中子堆核电站发展到一定水平时，及时地引入快堆核电站，利用快堆来增殖核燃料，这将是一个必然的发展计划。

▶快堆核电站具有良好的经济前景。因为它具有增殖核燃料的突出优点，所以发电成本在燃料价格上涨的情况下，仍能保持较低的水平。据估计，石油价格上涨100%，油电站发电成本增加60%；天然铀价格上涨100%，轻水堆发电成本增加5%，而快堆的发电成本只增加0.25%。

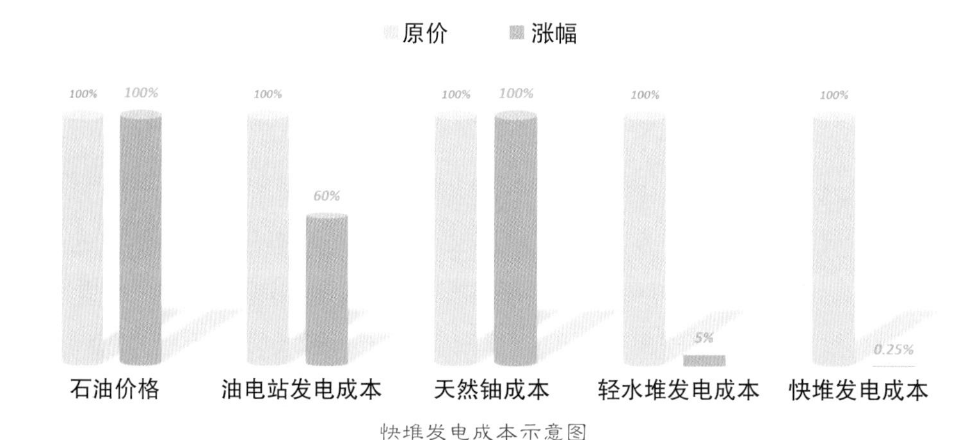

快堆发电成本示意图

中国的快堆研究始于1965年，在经历了基础研究（1967—1986年）和应用基础研究（1987—1993年）阶段后，进入到设计实验验证阶段（1995年至今）。2010年7月21日，由中核集团中国原子能科学研究院自主研发的中国第一座钠冷快中子反应堆——中国实验快堆（CEFR）达到首次临界，2011年7月21日成功实现首次并网发电，2014年12月18日实现满功率稳定运行72小时，2016年12月31日完成首次大修。这标志着我国全面掌握了快堆的设计、建造、调试、运行的核心技术。

中国是世界上第八个拥有快堆技术的国家。继实验快堆成功运行后，2014年10月，示范快堆工程项目总体规划方案获得国家批准，示范快堆工程采用单机容量60万千瓦的快中子反应堆。2017年12月，该工程启动施工。

核聚变堆：最后一步，实现“人造太阳”

与不可再生能源和常规清洁能源不同，核聚变能具有资源无限、不污染环境、不产生高放射性核废料等优点，将成为人类未来能源的主导形式之一，也是目前认识到的可以最终解决人类社会能源问题和环境问题、推动人类社会可持续发展的重要途径之一。核聚变堆是我国核能“三步走”的最后一步，实现可控热核反应，使人类掌握核聚变能，是目前科学上的一个重大课题。轻核的聚变必须在高温下才能有效地进行，温度越高，反应的概率越大。对于最容易实现聚合的氘-氚反应，也需要1亿摄氏度以上的温度条件。因此，为了产生足够的核聚变能量以维持所需的温度，必须把这种等离子体足够长时间地约束在特定的空间区域内。开发可控核聚变能，除了要达到自持核聚变反应所需的密度、温度和能量约束诸条件以外，工程上的等离子体控制、耐辐照材料、远距离维修等诸多课题尚需一步步研究解决。

自我国改革开放以来，国际热核聚变实验堆（ITER）计划是我们有机会参加的最大的多边国际大科学工程合作项目。ITER计划集成了当今国际可控磁约束核聚变研究的主要科学和技术成果，拥有可靠的科学依据并具备坚实的技术基础。国际上对ITER计划的主流看法是：建造和运行ITER的科学和工程技术基础已经具备，成功的概率较大，经过示范堆、原型堆核电站阶段，有望在21世纪中叶实现核聚变能的商业化。

参加ITER计划有利于大幅提升我国在科学技术领域参加国际合作的层次，对于推动我国核聚变能研究开发，加快我国核聚变能开发进程；学习、掌握大型国际科学工程项目的建设、管理、运行和维修经验；提高我国超导技术、稀有金属材料技术、高电压技术等众多领域的研究开发能力；锻炼和造就一批高水平、高素质的科研人员、工程技术人员和管理人员，为我国核聚变事业的发展打下坚实人才基础有着非常重要和深远的意义。

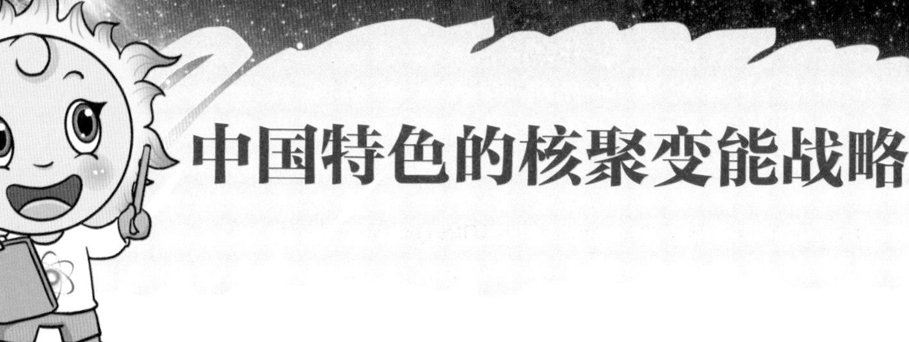

中国特色的核聚变能战略

在国务院发布的《国家中长期科学和技术发展规划纲要（2006—2020年）》中，磁约束核聚变被列为先进能源技术。在国务院《“十三五”国家科技创新规划》中，“磁约束核聚变能发展”被列入了战略性、前瞻性重大科学问题，拟通过核聚变堆关键科学技术的创新和突破，抢占世界核聚变能发展制高点。中国能源需求紧迫，对磁约束核聚变能源开发高度重视，核聚变反应堆和核聚变能源商用是最终解决人类能源问题的备选途径之一。

我国核聚变研究的战略目标，就是促使核聚变能在可能的条件下，尽早在中国实现，让核聚变能之花第一个绽放在中国的土地上。参加国际热核聚变实验堆（ITER）计划仅是我国整体核聚变能研发计划中的一个重要组成部分。随着ITER计划的全面实施，着眼于后ITER时代和未来核聚变能的应用，我国在建造核聚变工程实验堆前仍面临一系列核聚变关键技术挑战，包括核聚变堆总体集成设计、燃烧等离子体稳态运行、等离子体加热和电流驱动、等离子体不稳定性控制和破裂缓解、产氚包层技术、堆芯部件远程维护、氚自持、核聚变堆材料、偏滤器技术、强磁场超导技术等关键问题。因此，根据我国核聚变研究发展状况，我国核聚变界制定了一个适合我国核聚变发展的路线和目标。

什么是氚自持？

氚是核聚变反应的燃料之一，由于氚半衰期较短，在自然界找不到天然存在的氚，而用裂变反应堆的中子生产氚燃料的速率过低，成本也非常高，故核聚变堆运行需要解决氚燃料的可持续问题。氚自持是利用氘–氚核聚变反应产生的中子与氚增殖材料反应产生氚。可用于氚增殖的主要材料有^{6}Li，用^{6}Li作为吸收反应产物的包层，称为增殖包层（Breeder Blanket）。其过程为首先向等离子体注入一定量的氚以供应其燃烧，等离子体外部布置有氚增殖包层，氘–氚核聚变反应产生的快中子（14.06兆电子伏）进入包层内部，在慢化后与氚增殖材料发生反应产生氚。由于等离子体内的氚燃耗率有限，大部分的氚不能燃烧，未燃烧的氚经过提取净化后回收至氚储存与供应系统。包层产生的氚经过提取净化后回收至氚储存与供应系统，然后回收的氚重新加入等离子内部供应燃烧。氚在核聚变堆内循环的过程中会不可避免地由于氚泄露及发生放射反应等造成损失，损失的氚应由氚增殖包层增殖的氚补充。若包层增殖的氚数量大于等于燃耗及损失的氚数量，氘–氚核聚变即可实现氚自持。

具体思路：

在对现有国内外发展的核聚变堆概念的特点及ITER等离子体物理和工程设计进行深入研究的基础上，结合国家大科学工程HL-2A/HL-2M、EAST装置可能的实验条件，通过开展核聚变堆总体设计、核聚变堆芯关键技术研发、包层部件关键技术研发及主机关键系统的研发，系统解决建设核聚变工程实验堆所必须解决的关键问题。

中国聚变工程试验堆（China Fusion Engineering Test Reactor，CFETR）是中国目前正在独立设计的试验堆，它是基于ITER技术基础之上的核设施，在稳态自持燃烧和氚自持两个方面均超越ITER，且都是ITER未涵盖的技术。对于与ITER相类似的部分，将以参加ITER计划为契机，全面消化、吸收和掌握计划执行过程中产生的经验、知识和技术，用于核聚变堆的建设。对于ITER未涵盖的技术，以已经建立的核工业发展体系为依托，以未来建堆涉及的国际前沿科学和技术目标为努力方向，加强自主创新，发展先进运行模式的稳态托卡马克核聚变堆技术，发展核聚变能源开发和应用的关键技术；建立国际一流的研究平台，培养并形成一支稳定的高水平核聚变研发队伍和核聚变堆设计队伍；建立健全我国核聚变堆的核与辐射安全法规、导则和技术标准；培育和带动一批生产制造企业走向国际；全方位开展各种形式的双边和多边国际合作，并积极推进以我国为主的国际合作，实现我国核聚变发展全面步入国际先进水平。

ITER

近期，我国磁约束核聚变发展的主要工作是：

▶全面消化吸收ITER技术，掌握ITER关键技术；大力提升我国核聚变能研究发展的自主创新能力，开展ITER实验包层的设计、关键工艺技术的预研和模块制造技术。

▶利用现有装置开展高参数、高性能的等离子体物理实验和工程技术研究。

▶完成HL-2A、EAST装置的扩建与性能改善，使其具备国际一流的硬件设施并开展具有国际先进水平的物理实验；运用现代先进的控制手段大幅提高等离子体参数和品质，开展抑制磁流体动力学（MHD）活动和控制等离子体参数分布的技术研发，探索先进托卡马克的控制运行技术；在改造升级的基础上，增加辅助加热和驱动装置，提高加热功率等，大力发展辅助加热和加料系统，建立更完善的诊断系统；借助数值计算和等离子体模拟研究等离子体物理。

▶开展核聚变堆设计研究，建立核聚变堆工程设计平台；发展核聚变堆关键技术，如包层技术、材料技术、磁体技术等；完成聚变工程实验堆的产氚包层设计及技术研发。

▶建立核聚变堆无损检测的测试方法和标准，建立热负荷测试装置，完成ITER及聚变工程试验堆的特殊部件制造技术的研发。

▶完成ITER实验包层远距离操作维护技术的研发，完成聚变工程实验堆的远距离操作维护系统的设计。

▶通过完成ITER计划任务，培养高水平专业人才，为建造聚变工程试验堆奠定基础。

▶开展中国聚变工程试验堆的工程设计，建造关键系统综合研究设施，研发核聚变堆关键工程技术；以HL-2M/2A、EAST大科学装置为依托，开展核聚变工程实验堆的科学问题研究，培养并形成一支稳定的高水平核聚变研发队伍和核聚变堆设计队伍。

中期，我国磁约束核聚变发展的重点任务是:

由于ITER只能进行有限的核聚变堆工程技术实验，若我们直接从ITER过渡到示范堆，将面临极大的风险。因此，在ITER与示范堆（DEMO）之间，我国必须搭建一个桥梁，即CFETR。其目标是对未来的核聚变堆的主要部件进行工程试验，为设计和建造核聚变示范堆提供技术基础。据此，我国磁约束核聚变发展的中期重点任务是：

▶完成CFETR的工程设计；发展核聚变堆防护、遥操作、热室、材料与工艺技术等，在2030年左右，适时启动建设CFETR。

▶结合参加ITER实验，完成 CFETR相关堆芯技术的研发，开展示范堆芯技术的预研。

▶完成CFETR产氚包层研制，开展氚增殖包层物理过程研究。

CFETR

建立完善的核聚变堆安全设计、技术分析、安全评估体系，完成示范堆的安全分析。

▶完成CFETR磁体系统的详细工程设计与建造。建立核聚变堆材料热性能、中子辐照性能数据库，建立CFETR远距离操作维护系统。

远期，我国磁约束核聚变发展的愿景是：

▶设计建造中国第一个百万千瓦级核聚变示范堆，掌握商用核聚变堆设计、建造技术；完成我国核聚变商用堆的设计。

▶利用CFETR深入开展示范堆堆芯技术研发；掌握核聚变商用堆的堆芯技术，在21世纪50年代设计建造中国第一个1吉瓦级核聚变示范堆，掌握商用核聚变堆设计、建造技术；完成中国核聚变商用堆的设计，最终实现核聚变能源商用化。

CFETR

中国力量：打造中国聚变工程试验堆——CFETR

2011年，科技部基础司组织成立磁约束核聚变堆总体设计组，开始了中国聚变工程试验堆（CFETR）的研究。过去的几年，项目集中了中国相关研究单位的骨干力量，超30家研究院所、高校，约800人共同参与。目前，CFETR已经进入了集成工程设计研究阶段。

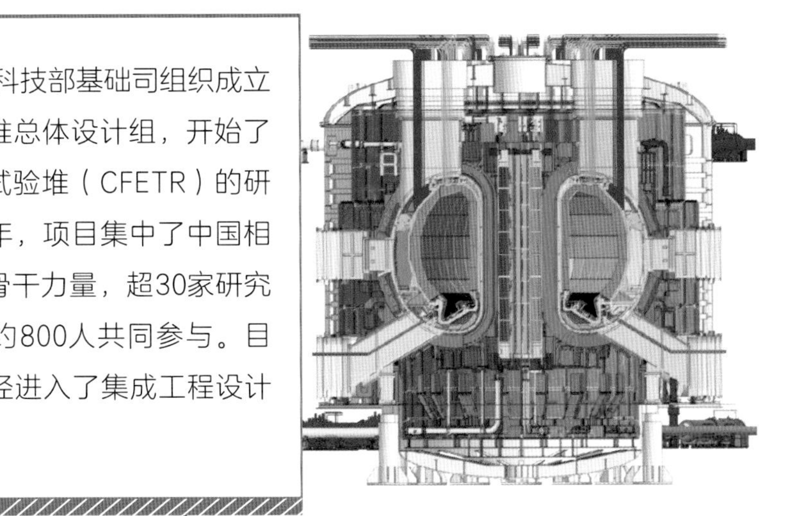

CFETR是继国际热核聚变实验堆（ITER）之后桥接核聚变示范堆（DEMO）的一个大型试验堆平台。CFETR共分两期建成：一期着重核聚变堆工程验证，目标是使核聚变功率达到200兆瓦，实现稳定、可靠、安全、氚自持和稳态运行；二期以自主创新为主，着重核聚变堆示范演示和验证，目标是使核聚变功率大于1吉瓦，探索示范堆先进安全的重大科学和技术问题，为我国独立自主大规模建设核聚变电站奠定基础。

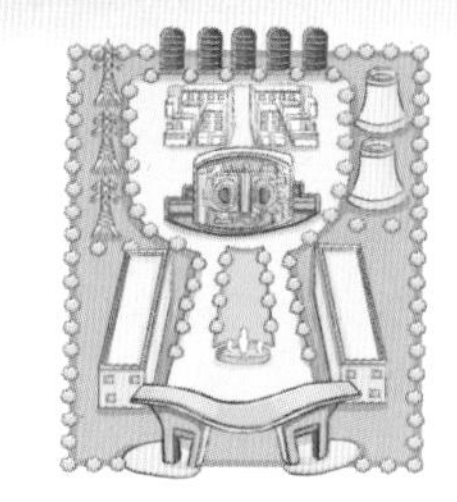

中国磁约束聚变能发展路线

CFETR总体科学技术目标：

- 用多种运行模式实现“自持聚变燃烧”的科学目标
- 研究和发展氚增殖和取能技术，实现“氚自持”的科学目标
- 进行聚变科学、材料、部件等方面研究并建立核数据库
- 建立系统的聚变堆核安全架构及聚变堆标准体系

CFETR的主要研究内容：

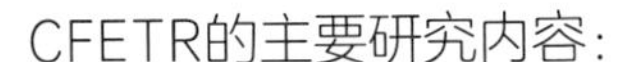

- 燃烧等离子体技术
- 产氚包层技术，能量的排出，氚的提取、回收与自持技术
- 材料与工艺技术，增殖剂技术，超导磁体技术等
- 堆设计技术
- 安全与防护，远距离操作技术
- 加料、排灰、诊断与控制技术等

CFETR装置的规模、堆芯参数、中子壁负载、第一壁表面热负载等参数都将高于ITER。此外，由于CFETR对等离子体芯部参数的要求低于示范堆，可以进行氚增殖、嬗变核废物和增殖核燃料等核聚变能商业化前的早期应用研究。

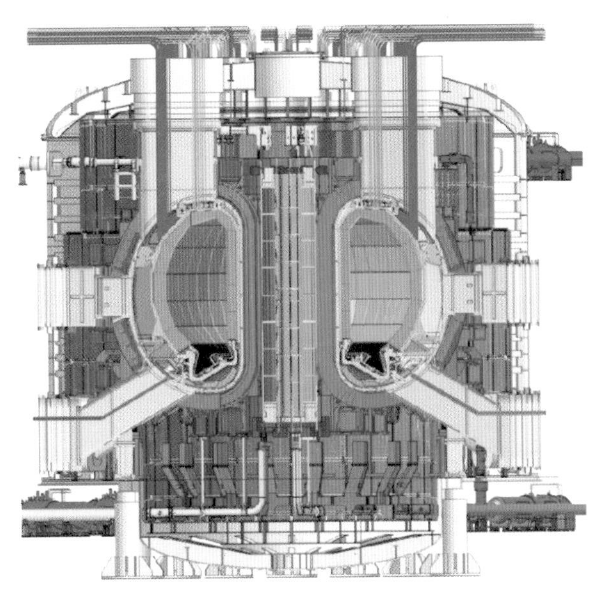

CFETR主机结构

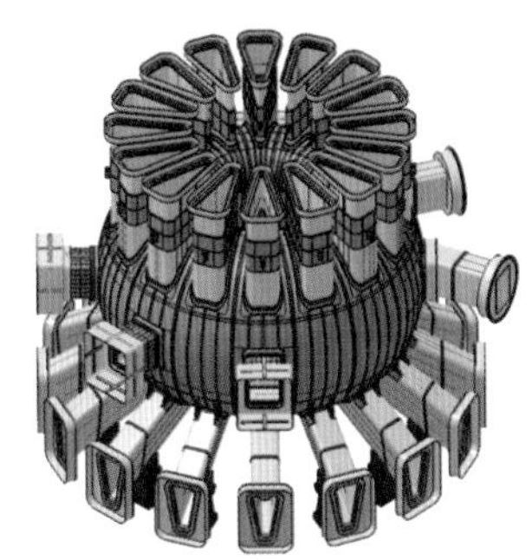

大型真空室

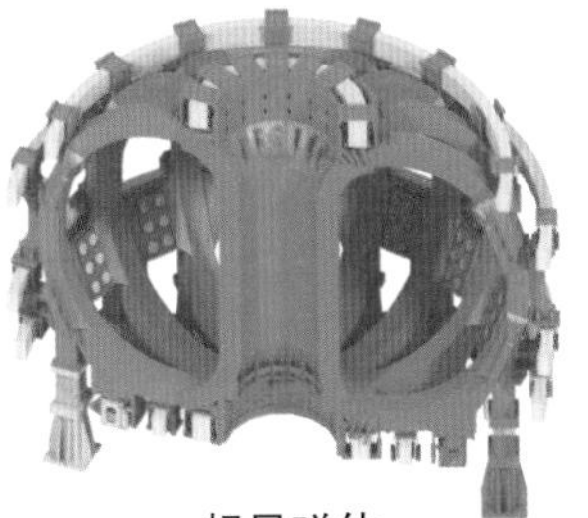

超导磁体

CFETR主机结构

CFETR主要工程参数（2019年）：

工程参数名称	参数范围
装置大半径 R_0	7.2米
装置小半径 a	2.2米
拉长比 κ	2
三角度△	0.4~0.8
中心纵场 B_t	6.5特斯拉
等离子体电流 I_p	13兆安
偏滤器结构	下单零偏滤器

过去10年，中国核聚变事业不断拓展且飞速进步，这得益于中国政府的大力支持、中国核聚变科学界的不懈努力及活跃的国际合作。中国正在发展一个雄心勃勃的新计划，即中国聚变工程试验堆（CFETR），旨在搭建ITER和未来核聚变电厂之间的桥梁。CFETR将为世界提供开发和实验未来商用电厂所需的关键元素，如核聚变技术，氚的生产、自持技术，以及核聚变等离子体长稳态等，为中国立足于核聚变能发展前沿奠定坚实基础。

《北京聚变宣言》会议现场图片

在2017年1月召开的“ITER十年——回顾与展望”会议上，世界核聚变事业的科学家和领导者会聚中国北京，庆祝ITER组织成立十周年。会议上签署发表的《北京聚变宣言——支持中国聚变能源发展》指出，中国为ITER准时交付高质量部件，显示出中国在ITER中扮演了重要角色。为应对共同的科学、技术和能源挑战，我们支持通过紧密的国际合作，促进CFETR的设计和建设。

专家预言：“人造太阳”点亮的第一盏灯一定会在中国

在探索科学技术的漫漫征途中，从来没有一条路是笔直顺畅的，它时而蜿蜒曲折，时而盘旋缠绕，时而百转千回，但只要秉持坚定的科学信念，坚持不懈地前进和探索，即便路途曲折，山高路远，也必将距离目的地越来越近。目标是清晰而明确的：实现可控核聚变能的并网发电，造福全人类！

山高人为峰，只要肯登攀。不管多么险峻的高山，不畏艰难的人总能够攀登出一条登顶之路，终会傲立于山巅，发现人类还没有抵达过的科技新大陆。我们正在开发的可控核聚变能源就是这样一座高耸的科学巅峰。

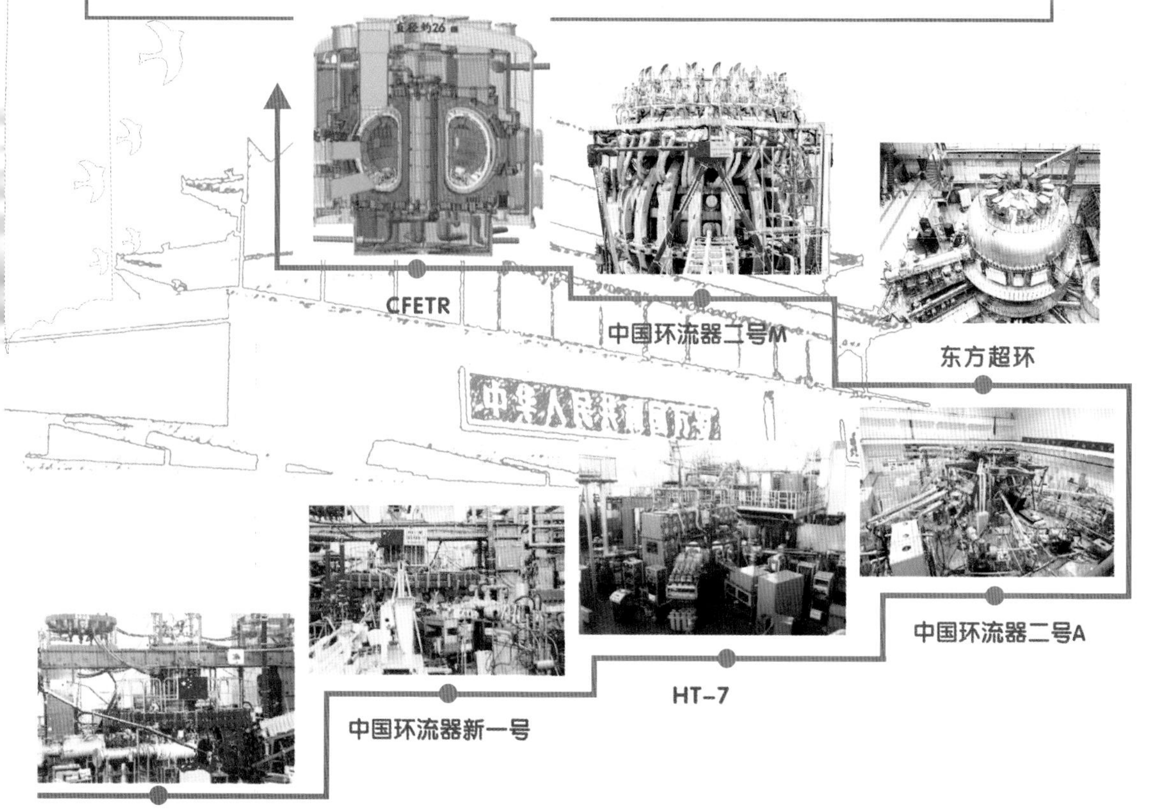

经过几代科学家们的不懈努力和追求，随着国际热核聚变实验堆（ITER）的投入建造和“点火”日期的临近，人类离实现“人造太阳”的目标又迈进了一大步。

随着我国磁约束核聚变领域科学技术水平的快速提升，我们在消化、吸收ITER知识产权的基础上，通过自主建造运行HL-2A/HL-2M、EAST等，已经基本掌握了建造核聚变堆的大部分关键核心技术。在参与ITER计划的同时，我国的磁约束核聚变研究已瞄向更加长远的未来，这条攀登之路的目的地就是建造中国磁约束核聚变实验堆——中国聚变工程试

验堆（CFETR）。

CFETR所运用到的科学技术和知识经验基于ITER并超越ITER，继而填补ITER和未来核聚变电站之间的研究空白，待其建成之后，将为尽早在中国实现核聚变能的利用做出重要贡献。按照项目规划，中国可望成为世界上第一个拥有这类规模工程试验堆的国家。届时，中国也将有望成为世界上第一个能够使用核聚变能发电的国家，站在核聚变领域科学技术的制高点，在该领域真正实现领跑全球！

科技部中国国际核聚变能源计划执行中心罗德隆主任在2019年召开的首届中国磁约束聚变能大会上所作的《中国磁约束核聚变研发回顾与展望》主旨报告中落地有声地指出，中国的科学家们将坚定做好ITER，提升现有装置能力，发展CFETR，持续探索立足中国核聚变，加强国际合作，发展人类能源，圆梦科技强国，为在中华人民共和国成立100周年之际实现核聚变能商用而砥砺前行！

可控核聚变是人类又一次眺望远方时种下的梦想。尽管还有许多的问题摆在面前，但是一旦成功，全人类的能源短缺问题将得以真正解决，新技术也会让世界经济获得新的原动力。

中国工程院院士李建刚预言：如果有一盏灯能被核聚变之能点亮，这一盏灯一定，也只能会在中国！

FUSION

阳光普照千万家，百花争艳又一春

尽管一路披荆斩棘、困难重重，一代代科学工作者追逐“人造太阳”核聚变能源的不懈努力，让“人造太阳”这一人类实现终极能源的梦想一步步靠近我们。可控核聚变科学研究带动了等离子体物理、计算数学和天体物理这样一些基础学科的发展，在研究过程中开发出的尖端技术同时又产生出众多对产业有贡献的革新技术，带动了包括超导研究、高真空、生命科学、遥控密封、环境科学（地球模拟、电力储藏、环境气体精密测定、磁气分离系统、氢能源利用、微波电力输送）、密封、等离子体计量和控制、信息通信（超高速数据处理、遥控控制系统、大型液晶显示屏幕等）、射频加热技术、中性粒子束加热技术，以及等离子体束高速精细加工、高磁界中的材料开发、高周波环境下陶瓷烧制、超高真空环境、高性能材料（如纳米材料）制造等在内的各个尖端科技领域的进步，派生出许多相关的高新技术产品，大大地促进了等离子体技术、真空技术、离子束及其注入技术、材料表面改性技术、强脉冲供电技术和诊断及测试技术的发展。

可控核聚变科学研究形成的优势技术，已经在航空航天、船舶、核工业、生物、医学等领域得到广泛应用，并给人类的生活带来了巨大影响。

“人造太阳”研究产生的各项尖端科技正在对人类生活产生重大影响。扫描我，太阳小子带你去看看！

“人造太阳”研究带动尖端技术进步

“人造太阳”——国际热核聚变实验堆（ITER）计划的实施和核聚变科学研究的深入进行，带动了众多高新技术的进一步发展。由中核集团核工业西南物理研究院和中国科学院等离子体物理研究所牵头承担的屏蔽包层模块、超导导体、磁体支撑结构、电源、放电清洗（GDC）与氚送气系统、遥控小车、中子诊断、朗谬尔探针系统、部分超导线圈及氦冷固态实验包层模块（HCCB TBM）设计等ITER计划采购包，吸引了国内上百家科研单位、企业直接及间接承担和参与到上述ITER计划采购包等世界前沿高端技术项目的设计和制造中，促进了中国国内设计和装备制造技术的技术革新和飞跃进步，对大幅提升中国工业和制造水平持续产生着重大的影响。

中核集团核工业西南物理研究院联合宁夏东方有色金属集团公司等单位研制的高性能铍材料通过ITER组织的测试认证，达到美国S65C的水平，满足ITER要求。屏蔽包层热等静压连接工艺技术通过ITER组织的测试认证，达到国际先进水平，满足ITER要求。增强热负荷型ITER第一壁半原型部件，在国际上率先通过高热负荷试验认证，得到ITER组织高度评价。

2018年6月9日，由中核集团核工业西南物理研究院100%自主研发、中国航天科工集团第十研究院下属的贵州航天新力铸锻有限责任公司制造的ITER磁体支撑首批产品在贵州遵义正式交付ITER组织，运往位于法国的ITER现场，成为进入厂房并进行安装的首批基础性部件，中国也成为首个向该项目批量交付核心产品的国家。

由中核集团核工业西南物理研究院负责的ITER氦冷固态实验包层模块（HCCB TBM）结束了初步概念设计和初步安全分析，完成了TBM第一壁、关键部件试验件的研制，并与国内相关企业合作，采用旋转电极法

（REP）研制出中子倍增剂铍小球、核聚变堆氚增殖材料正硅酸锂小球，成为国际上第二个掌握该技术的国家。

在ITER实验（产氚）包层模块项目中，最关键的结构材料是低活性铁素体/马氏体钢（牌号CLF-1），该材料具有低活化、较好的高温性能和抗蠕变性能等特点。中核集团核工业西南物理研究院经过艰苦攻关，掌握了该材料的各种元素结构，并联合四川远方装备公司，最终研发出 5吨级CLF-1新材料，获得国际第三方见证即国际认可。迄今为止，四川远方装备公司也是我国通过第三方见证的该类型材料的唯一制造商。预计2025年后，5吨级CLF-1新材料将用于ITER实验中。

中核集团核工业西南物理研究院利用“人造太阳”核聚变科学研究中间技术研制的具有自主知识产权的复合渗注镀技术集成试验平台，成功开发出多种等离子体复合表面处理工艺，形成了离子镀膜、离子注入、微弧氧化、低温改性、等离子体炬和纳米粉末制备等优势项目，以及玻璃贴膜、中大功率特殊电源和数字真空计等优势产品。这些新技术、新工艺、新产品已广泛应用于工业、科研与日常生活等领域，创造了良好的经济效益和社会效益。按欧盟标准设计、生产的表面处理设备出口欧盟，实现了整机出口发达国家零的突破。与客户合作成功研制的用于制备二层型挠性覆铜板的双面连续镀膜生产线设备属国内外首创，处于国际领先水平。

中国科学院等离子体物理研究所在完成ITER计划采购包任务生产制造过程中攻克了众多技术难点，在高温超导电流引线、超导接头、低温绝热、低温高压绝缘等核心技术方面取得了诸多国际领先成果。中国造超导引线替代了日本等国的设计，研发的68千安级高温超导电流引线更是创造了在85千安下运行1小时、90千安下运行4分钟的世界纪录，标志着中国已全面掌握超大电流高温超导电流引线研发设计和生产制造的工程核心技术。中国团队在不断的创新中实现了多项中国创造，填补了国际空白，形成了在低温超导材料方面我国占据国际市场份额60%、高温超导电流引线100%由我国提供的局面，实现了超导材料、低温材料、大功率电源器件等技术和部件从无到有，再到规模化生产并向欧美发达国家出口的飞跃。

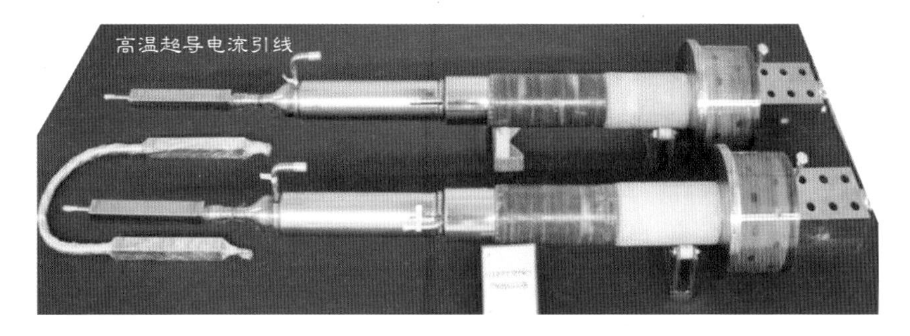

超导接头是实现超导电连接的重要部件，是核聚变装置面临的关键技术难题之一。中国科学院等离子体物理研究所在承担完成ITER超导磁体馈线（FEEDER）采购包中首次在国内实现了利用铜-钢爆炸焊复合板进行接头盒设计与制造，以及盒体的压力定位密封焊接；开展了超导线表面镀层二次处理方法与焊料低温下电阻特性研究。研发的盒式高载流低损耗超导接头，在5开尔文下，接头电阻达到0.2纳欧级的世界领先水平，极大地保障了核聚变装置主机的安全运行。发展了以玻璃纤维和聚酰亚胺为主体的预浸渍绝缘材料固化新工艺。针对结构复杂的超导部件，创新了真空袋膜与硅胶辅助模的绝缘固化工艺，成功解决了液氦温度（4开尔文）电气绝缘难题。这些技术性突破推动了我国在超导磁体、超导加速器、超导电力传输、超导空间推进等研究和产业领域的应用，同时带动了国内高温超导材料、绝缘材料、ITER级不锈钢等产业技术水平的提高。

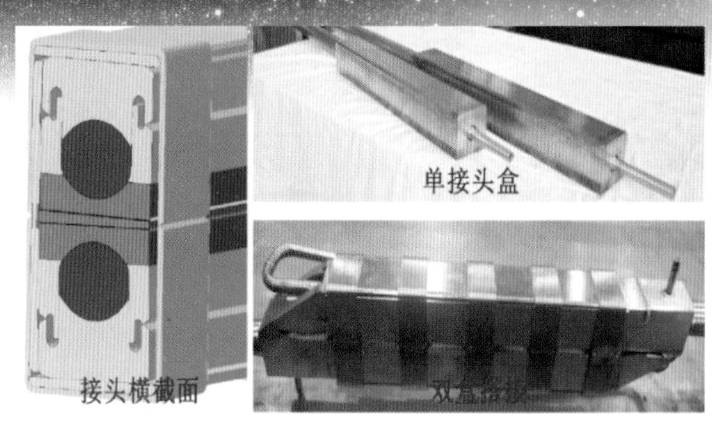

超导接头原型件

中国在承担ITER电源采购包制造任务中，实现了诸多关键技术性突破：获中国合格评定国家认可委员会（CNAS）认证的国际领先、国内最大功率的2千伏/500千安直流电源测试平台；世界最大的4600兆瓦四象限直流变流系统；世界最高电压和功率的66千伏/750兆瓦的SVC无功补偿系统；额定功率160兆瓦、额定电流55千安、短路能力达430千安的大功率变流器；额定电流30千安、短路能力达200千安的200微亨大功率直流电抗器；额定电压20千伏、额定交流电流45千安、短路能力达415千安的交流封闭母线；额定电压20千伏、额定电流55千安、短路能力达360千安的大功率直流开关。

在中国承担的ITER计划采购包任务中，国内众多科研单位、企业直接和间接承担及参与到ITER屏蔽包层模块、超导导体（NbTi、Nb_3Sn）、磁体支撑结构、电源、放电清洗与氚送气系统、遥控小车、中子诊断、朗谬尔探针系统、部分超导线圈及氦冷固态实验包层模块、无功功率补偿系统、316L不锈钢外方内圆L型钢和U型钢核电钢管、ITER国际高速专用数据网的设计测试和构建、ITER中国采购包标准化研究、超导电缆（CICC）绞缆项目工艺、ITER低温系统等世界前沿高端技术项目的设计和装备制造中，这对中国国内设计和装备制造业的技术革新和飞跃进步，大幅提升中国工业及制造水平产生了重大和积极的影响。

国外方面，韩国在超导托卡马克KASTR装置研制及参与ITER研制过程中，开发了世界最佳性能超导线材制造技术，线材表面采用了10铬薄膜均匀涂层技术，与ITER同级配置，达到电流密度性能。利用旋转工法，率先开发了环向场超导磁体精密组装技术，以及分割型、螺线管线圈保护式前置载荷转嫁技术。开发的高效率供电装置制造技术，可望应用于废物处理及放射工业领域。开发了可用于核聚变发电的海洋锂提取技术，即从海水中提取锂。

日本原子能开发研究机构（JAEA）将参与ITER计划开发的远程维护技术应用于医疗领域，研制成功具有激光照射功能的特殊内视镜，之后又发现一种对癌症治疗具有明显疗效的质子束治疗装置小型化的激光加速技术，据悉利用该技术可使装置缩小到原尺寸的1/100~1/10。该机构通过与产业界合作，将为ITER开发的远程维护技术中关键的复合型光纤技术应用于核能以外的领域，研制出一种可对胎儿进行治疗的具有激光照射功能的内视镜，并成功完成样机的制作。该内视镜可望在有先天性疾患子宫的治疗上发挥重要作用。日本原子能发电公司研制出采用等离子体熔融技术处理杂乱固体废物的处理设施，利用这种等离子体熔融处理设施可以对核电站排放的不易燃烧的废物及使用后的树脂、无机物、金属、重量物和焚烧灰等低放废物进行统一处理，经熔融后的上述杂乱固体废物可以减容80%以上。

印度工业等离子体技术开发中心（FCIPT）与印度等离子体研究所（IPR）合作，从事等离子体技术在材料处理和环境治理方面的开发，在增强工业部件的耐磨度和硬度、废物处理的热等离子体技术等方面取得显著成果。

“人造太阳”中间技术——等离子体应用

在极高的温度下，气体原子中带负电的电子和带正电的原子核完全脱开，各自独立运动。这种完全由自由的带电粒子构成的高温气体被称为“等离子体”。在太阳的中心，温度高达1500万摄氏度，气压达到3000多亿个大气压，形成高温高压等离子体，引发核聚变反应，并释放出大量能量。等离子体在宇宙中广泛存在。实现“人造太阳”可控热核聚变首先需要解决的问题就是如何加热气体，使得等离子体温度能上升到百万、千万到上亿摄氏度。

宇宙星系

随着“人造太阳”可控核聚变研究中对等离子体理解和探索的不断深入，等离子体技术被广泛应用到军事、工业、医疗和环境保护等各个领域。

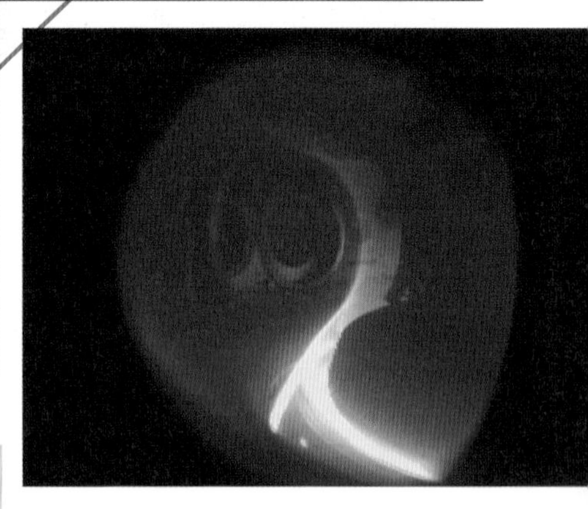
核聚变实验装置中产生的等离子体

隐身技术：雷达通过发射和接收特殊频段的电磁波，有效地探测飞机等飞行器的行踪。为了避开雷达的跟踪，各种各样的隐身技术迅速地发展起来。在这些技术中，能够吸收雷达波的隐身涂层成为实现航空器“隐身”技术中的主流。除此之外，一种新型的“等离子体隐身”概念也被提出，其原理是利用等离子体发生器产生等离子体，或者在某些特定的部位（如强散射区）涂上一种特殊的涂料，再用强α射线促使其附近的空气电离产生等离子体。当探测的雷达波照射到等离子体上时，若入射波的频率大于等离子体的频率，则电磁波可以在等离子体中传播，传播过程中，电磁波的能量被等离子体迅速吸收，从而可以大大减弱信号的反射，以达到隐身的效果。运用等离子体技术可以有效达到特定物体或系统隐身的目的。

信息安全：大数据量传输与接收是信息化时代的主要特征，为了确保信息传输的及时性和安全性，要求满足远距离通信、设备简单、隐蔽性好等特征。运用等离子体技术，一方面可以利用大自然现成的电离层进行通信；另一方面可以研制隐身性能好的等离子体天线用于通信和探测。将等离子体放电管作为天线，管中充有惰性气体，当无线电波通过金属电极进入管中后，惰性气体被电离，产生等离子体。由于等离子体中含有大量的

自由电子，可以通过促使自由电子振荡产生电磁波，向外发射无线电信号，同样也可以用来接收无线电信号。当不用或需要隐蔽时，只要断开电极，其中的惰性气体就会马上恢复正常状态，成为不易被探测的绝缘体，这不仅为通信和探测提供了新方法，而且增强了电子信息安全的功效。

飞行器拦截： 运用等离子体技术可以实现对有敌意的飞行器的有效拦截。通过在地面发射彼此交叉的大功率电磁波或激光束，使其在飞行器前方附近的大气中聚焦，焦点处的空气高度电离，形成电离度和密度极高的等离子体云团。飞行器一旦进入等离子体云团，就会受到强大的电磁场作用，产生旋转力矩，从而偏离轨道而坠毁。这种拦截方法可以在较大的空间范围内进行，

不需精确瞄准，命中率高，而且无须分辨真假目标。因此，利用等离子体技术可以有效地应对来自太空和高、中、低空大气层内的各种飞行器的袭击。

航天推进：为了更好地探索太空，人们正努力将等离子体用于航天推进技术。一般的化学燃料推进剂由于受化学反应的影响，排气速度、推力和可用能量均受到限制。利用等离子体技术研制的推进器，只要电源保持供给足够的电能，其比冲在理论上是没有限制的。利用等离子体推进器不仅可以节约时间，而且可使宇航员不受太空辐射。因此，等离子体技术将可能为人类探索太空和飞离太阳系创造前所未有的条件。

磁流体发电：运用等离子体技术可以直接将热能转换成需要的电能，进行磁流体发电，为高速发展的国民经济和日益增长的人民生活需求提供高效、可靠及充足的能源保障。此外，等离子体技术也可用于高温润滑和等离子体化工等方面。尽管目前等离子体应用技术的发展还存在着各种问题和局限性，但可以肯定，随着科学的发展和技术的不断进步，等离子体技术必将在未来发挥越来越大的作用。

微创外科：等离子切割是工业用途的高温等离子体切割金属的方法。将电流和气体（如氩、氮）通入用水冷却的特种喷嘴内，造成强烈的压缩电弧而形成温度极高的等离子体流，可以切割用普通氧气切割法难以切割的金属，如不锈钢、镍基合金、铝、铜等。近年来，由于等离子体物理学研究的逐步深入，其应用从物理学、工业、尖端技术等领域扩展到医学和生物学等众多领域。1998年，应用等离子体技术的专利医用技术在英国问世，广泛应用于微创外科临床医学，并在欧美等地区的医院广泛使用。

城市空气净化和垃圾废物处理：随着汽车等移动性废气发生源的增加及利用化石燃料的家用热电发生装置的推广，迫切需要开发相应的可随车携带或小型价廉的废气净化装置，以保证城市空气的清洁。电子束照射同时脱硫脱氮的方法是在真空中将电子束加速到几十万电子伏的能量，将其透过钛等薄膜引出后照射到废气中产生等离子体。利用等离子体中的各种活性粒种（游离基）氧化废气中所含的NO、SO_2，使其与NH_3等碱性物质反应形成固体微粒子，再用电集尘器或袋式集尘器收集实现净化。但电子束方法伴有X射线，需要采取防辐射措施。利用高电压脉冲等离子体方法可改进上述不足，同时可实现更低成本。这种方法可在较宽范围内电离产生等离子体，利用等离子体中的活性粒种化学反应净化气体。该方法极有希望成为新的环境保护技术。

普通的城市垃圾在燃烧炉中经过800～900摄氏度的燃烧后残余的灰

烬或被静电除尘装置收集的灰尘中，均含有重金属类物质及二噁英（dioxin）类有害物质。人们正在寻求这些有害物质分解、无害化及控制排放的有效方法，试图把燃烧灰烬在高温中熔化，然后使之固化，用于填海或作为土木材料而实现再利用。燃烧灰烬的主要成分是SiO_2、Al_2O_3、CaO等，它们的熔点高达11 000摄氏度以上。所以，用大气压下的直流电弧等离子体作为熔化它们的热源，如用两套1500千瓦的直流等离子体喷焰装置，一天可处理52吨灰烬。上述等离子体处理技术将燃烧灰烬熔融固化，使废弃物的体积减半，在无害化工业进程中起着积极的作用。

附录一　可控核聚变研究国内外主要历程回顾

人类对可控核聚变的研究要追溯到1919年，科学家阿斯顿(F. W. Aston)发现核聚变反应可以释放出能量。几乎在同一时期，卢瑟福（L. Rutherford）也证明了轻的元素以足够的能量相互碰撞可以引起核反应。1929年，在德国工作的阿特金森(R. Atkinson)和奥特曼斯(F. Houtemans)从理论上计算了氢原子在几千万摄氏度高温下聚变成氦的可能性，并认为太阳上进行的反应有可能就是这种核聚变反应。1934年，奥立芬特（M. Oliphant）发现了第一个氘-氘（D-D）核聚变反应。1942年，施莱伯（Scllreiber）和金（King）在美国普渡大学第一次实现了氘-氚（D-T）核聚变反应。

第二次世界大战期间，美国在研制原子弹的同时，已注意到热核聚变反应的可能性。第二次世界大战结束后几年，氢弹的爆炸证明了氢同位素聚变释放能量的现实性。因为热核聚变等离子体产生大量的高能中子，可将贫铀转变成易裂变燃料，将大大降低核武器的成本。英国、美国和苏联各从军事角度考虑，一直在互相保密的情况下，开展可控热核聚变研究。

1951年，美国普林斯顿大学的天体物理学家斯必泽（L. Spitzer）在理论上提出了一个出色的磁约束聚变途径——仿星器。1952年年初，他和他的同事建造了小型仿星器，即模型A，后又建造了较大的模型B和更大的模型C。与此同时，美国另有两个基地也开展着不同途径的可控热核聚变研究。一个是新墨西哥州洛斯阿拉莫斯实验室（Los Alamos National Laboratory, LANL）开展的环形箍缩装置研究；另一个是加州劳伦斯·利弗莫尔（Lawrence Livermore）辐射实验室开展的磁镜研究。20世纪50年代初期，一些可控核聚变的概念及相应的实验装置，如仿星器、箍缩装置和磁镜装置等相继被提出。但上述装置的性能不是很理想，如在箍缩装置上，等离子体仅能维持几个微秒。1956年，苏联科学家发表了箍缩实验的一些结果，引起了其他国家的重视和好评。其后，美英等国也相继发表了十几篇论文，都是关于箍缩装置的，包括英国很有名的ZETA（泽塔）装置。

当英美等西方国家的可控核聚变界致力于箍缩、磁镜和仿星器等位形的研究时，苏联物理学家塔姆（Tamm）和萨哈罗夫（Sakharov）认为，将环形等离子体中感应电流产生的极向磁场与外部环向磁场结合起来，可以实现维持等离子体平衡的位形。雅符林斯基（Yavlinsky）和阿齐莫维奇（L. A. Artsimovich）主持的苏联库尔恰托夫研究所先后开展实验来验证塔姆和萨哈罗夫提出的设想。萨哈罗夫提出，在环向磁场上附加一个由环电流产生的极向磁场，所形成的封闭磁面可以约束等离子体。按照这个思想实现磁约束容器的装置称作托卡马克（Tokamak），第一个托卡马克装置于1954年在苏联莫斯科的库尔恰托夫研究所建成，在其上实现了核聚变反应，但所产生的能量极微，放电时间仅维持了300微秒。随后，研究人员对装置进行了改进，整体性能有了很大的提高。

1958年秋，在瑞士日内瓦举行的第二届和平利用原子能国际会议上，各国的可控核聚变研究开始解密。在会后几年，可控核聚变研究迅速发展，大量有关文献在期刊和会议录上涌现，重点研究方向转向高温等离子体物理的一些重要基础课题。在此期间，国际原子能机构创刊的杂志*Nuclear Fusion*，专载核聚变研究方面高水平的论文。

1968年8月，在新西伯利亚召开的第三届国际原子能机构（IAEA）等离子体物理和受控核聚变研究国际会议上，苏联科学家阿齐莫维奇公布了托卡马克装置T-3上的最新实验结果。在托卡马克装置T-3上，首次观察到了核聚变能量输出，等离子体电子温度达到了1千电子伏，离子温度 0.5 千电子伏，$n\tau=10^{18}$秒/米^3，等离子体能量约束时间长达几个毫秒，代表核聚变能输出与输入之比的参数——能量增益因子Q值为十亿分之一。这是可控核聚变研究的重大突破，在当时是一个令人震惊的结果。

20世纪60年代激光问世以后，苏联学者巴索夫（N.G.Basov）和中国科学家王淦昌于1963年和1964年分别独立提出了激光核聚变即惯性约束核聚变的建议。

为了开发利用核聚变能，人类经历了半个多世纪的艰苦探索，人们对开发核聚变能源难度的认识也逐步深化，最终将可控核聚变的研究大致集中到磁约束和惯性约束两种途径，磁约束核聚变使用磁场约束高温等离子体，惯性约束核聚变则用强激光聚焦加热燃料靶丸。

惯性约束核聚变以美国劳伦斯·利弗莫尔国家实验室兴建的核聚变激光器国家点火装置NIF、中国神光-Ⅲ和法国LMJ（Laser Megajoule，兆焦耳激光器）为代表。惯性约束核聚变的主要方法是利用多束高功率激光聚焦到氘-氚靶球上实现核聚变反应。上述惯性约束核聚变装置的主要任务是：①无须进行核试验就可模拟核爆炸，研究核武器的性能；②进一步了解宇宙的秘密，模拟超新星、黑洞边界、恒星和巨大行星内核的环境，进行科学试验，为科学界提供大量此前无法获取的数据；③实现可控核聚变反应，寻求可持续的清洁能源。但是，由于种种技术上的难题，惯性约束核聚变在可控核聚变反应的实验上仍然任重道远。

磁约束核聚变包括托卡马克、磁镜、仿星器、箍缩等多种研究途径，其中托卡马克途径在技术上最成熟，进展也最快，逐渐显示出其独特优势，成为磁约束核聚变研究的主流。

从20世纪80年代起，国际上对核聚变研究的主要兴趣已从核聚变功率的可获条件转向经济上有利的核聚变堆特性优化问题。随着各国不同规模的托卡马克装置的建成、运行和实验，托卡马克显示了较为光明的前景。在托卡马克装置上努力提高能量增益因子，即提高输出功率与输入功率之比一直是核聚变研究的重点目标之一。从20世纪70年代末80年代初开始，美、欧、日、苏相继建成和运行4个大型托卡马克，即美国的托卡马克核聚变试验堆TFTR、欧洲建在英国的欧洲联合环JET、日本的JT-60和苏联的T-20（后来因经费及技术原因改为较小的T-15，采用超导磁体），它们是后来在磁约束核聚变研究中做出了决定性贡献的4个装置。

进入20世纪80年代，托卡马克实验研究取得了很大进展。1982年，在德国ASDEX 装置上发现了高约束放电模式。高约束运行模式的最终目的是实现对等离子体的长时间有效控制，是实现可控核聚变最终目标的必经之路，可以大大降低下一代磁约束核聚变实验装置和将来的核聚变示范反应堆的规模和造价。该结果对于建设商用反应堆具有重大的意义。当代最大的托卡马克TFTR和JET的实验结果于1984年在第十次国际会议上初次露面。在JET上，获得3.7兆安的等离子体电流，持续时间达几秒。在TFTR上得到了1.4兆安的等离子体电流。1986年，TFTR用功率为16 兆瓦的氘中性束注入氚靶等离子体，中心离子温度达到2亿摄氏度（太阳中心温度的10倍），产生了10千瓦的核聚变功率，中子产额为10^{16}个/（秒·厘米^3）。

在中国，中国科学院物理研究所、中国科学院等离子体物理研究所在20世纪70—80年代相继建成并运行了CT-6、HT-6B及 HT-6M等小型托卡马克。1984年，中核集团核工业西南物理研究院研制成功并运行了中等规模的托卡马克装置——中国环流器一号（HL-1），后被改造为HL-1M。HL-1装置是中国磁约束核聚变进入大规模实验的一个重要里程碑。

有了以上核聚变研究的较大进展，人们于20世纪90年代开始真正获取氘-氚核聚变能的尝试。1991年11月，在JET上首次成功地进行了氘-氚放电实验。1997年，JET用25兆瓦辅助加热功率演示产生核聚变功率16.1兆瓦，即核聚变能21.7兆焦耳的世界最高纪录，因为当时密度太低尚不能得失相当，即输出正能量。美国的TFTR装置于1993年10月也实现了氘-氚核聚变反应。1997年12月，日本在JT-60上成功进行了氘-氘反应实验，折算到氘-氚反应，Q值可以达到1.00，即能量得失相当；后来，Q值又超过了1.25，即有正能量输出。此后，日本JT-60U装置取得了当时可控核聚变研究的最好成绩，获得了核聚变反应堆级的等离子体参数：峰值离子温度45千电子伏，电子温度10千电子伏，等离子体密度10^{20}/米^3，核聚变三乘积1.5×10^{21}千电子伏·秒/米^3；等效能量增益因子大于1.3。可以说，这些突破性进展宣告了以托卡马克为代表的磁约束核聚变的堆芯等离子体科学可行性在实验上已经得到了证实，人类已经奠定考虑建造核聚变实验堆、创造研究大规模核聚变的条件。

在通向核聚变能商业化的道路上，实验堆的建设是不可逾越的阶段。在1985年召开的日内瓦峰会上，苏联领导人戈尔巴乔夫和美国总统里根倡议国际社会共同建造国际热核聚变实验堆（International Thermonuclear Experimental

Reactor ，ITER），得到国际原子能机构（IAEA）的支持。美、俄、欧、日四方1998年共同完成了ITER工程设计及部分技术预研，当时的核聚变功率设计值为1000兆瓦，等离子体持续燃烧时间大于1000秒，造价估计为100亿美元。此后，又提出了比原ITER成本低的先进托卡马克核聚变实验堆计划（ITER-FEAT），总的核聚变功率和长脉冲运行时间分别下调为500兆瓦和500秒，总造价降低到50亿美元，建设期为8～10年，运行期为20年。ITER《工程设计最终报告》于2001年7月完成。2003年，中国加入ITER计划谈判。2005年6月，欧盟、俄罗斯、中国、印度、美国、韩国、日本达成了将ITER建造在法国卡达拉舍的协议，并同意了ITER 新的设计和部件预研。2006年11月21日，参与ITER计划的七方签署了《联合实施国际热核聚变实验堆计划建立国际聚变能组织的协定》。

ITER 计划是目前全球规模最大、影响最深远的国际科研合作项目之一。ITER是迄今最接近核聚变反应堆、可产生大规模核聚变反应的全超导托卡马克实验堆。ITER计划将历时35年，实施分4个阶段：建造期12年，总费用约为50亿欧元；运行期18年，总费用约为50亿欧元；去活化阶段5年，预计费用8亿欧元；最后装置交由东道国——法国退役。

ITER运行第一阶段的主要目标是建设一个能产生500兆瓦聚变功率、有能力维持大于400 秒氘-氚燃烧的托卡马克核聚变堆。在ITER中将产生与未来商用核聚变反应堆相近的氘-氚燃烧等离子体，供科学家和工程师研究其性质和控制方法，这是实现核聚变能必经的关键一步。在ITER上得到的所有结果都将直接为设计托卡马克型商用核聚变堆提供依据，也将为其他可控核聚变途径的发展指出方向。

ITER运行的第二阶段将探索实现具有持续、稳定和高约束的高性能燃烧等离子体。这种高性能的“先进燃烧等离子体”是建造托卡马克型商用核聚变堆所必需的。ITER 计划在后期还将探索实现高增益的燃烧等离子体。ITER 计划科学目标的实现将为商用核聚变堆的建造奠定可靠的科学和工程技术基础。

ITER计划的另一个重要目标是通过创造和维持氘-氚燃烧等离子体，检验和实现各种核聚变技术的集成，并进一步研究和发展能直接用于商用核聚变堆的相关技术。因此，ITER也是磁约束核聚变技术发展的重要阶段。

进入20世纪80年代后，我国在中型托卡马克HL-1、HL-1M、HT-7等装置上做出了世界同等规模装置上较好的结果。1995年，中国超导托卡马克装置HT-7在合肥中国科学院等离子体物理研究所建成。2002年，中核集团核工业西南物理研究院引进原ASDEX装置的磁体、真空室和支撑，建成中国第一个具有偏滤器位形的托卡马克装置HL-2A，并投入运行。偏滤器位形是现代高性能托卡马克中的一个重要特征，偏滤器也是核聚变堆的一项重要部件。HL-2A装置与先进托卡马克概念的进展相一致，它的研究成果能够支持ITER所需要的数据库。2003年，HL-2A装置在国内首次实现偏滤器位形托卡马克放电；2006年，HL-2A在接近2兆瓦的电子回旋共振加热条件下，等离子体电子温度达到5千电子伏（约5500万摄氏度），创下了当时我国磁约束核聚变实验装置最高等离子体电子温度纪录；2009年，HL-2A实现中国第一次具有边缘局域模（ELM）的高约束模（H -模）放电，使我国继欧盟、美国和日本之后，站上了核聚变研究的这一先进平台，这是中国磁约束核聚变实验研究史上具有里程碑意义的重大进展。2006年，中国科学院等离子体物理研究所建成并运行世界首个大型非圆截面全超导托卡马克核聚变实验装置——“东方超环”（EAST），成功实现了电子温度1亿摄氏度、离子温度3000万摄氏度、持续时间达100秒的超高温长脉冲等离子体放电，成为世界首个实现稳态高约束模运行、持续时间达到百秒量级的托卡马克核聚变实验装置。上述进展及成果，使我国基本建成了开展磁约束核聚变重大前沿课题研究的实验平台，具备了参与国际核聚变科学研究的实力和条件。

随着中国参与ITER的建设和部件研发，我国可控核聚变的研究已经在核聚变科学实验和工程技术方面奠定和夯实了相当的基础，尤其是我国的两大托卡马克装置（HL-2A、EAST）取得的长足进步，局部的科研实验已经达到世界先进水平。我国在核聚变工程及科学方面的研究，由过去的跟跑、并跑实现了现在某些领域的领跑。

为更好地研究与可控核聚变能源密切相关的燃烧等离子体科学和工程技术问题，研究未来核聚变堆相关物理及其关键技术，研究高比压、高参数的核聚变等离子体物理，为下一步建造核聚变堆打好基础；在高比压、高参数条件下，研究一系列和核聚变堆有关的工程和技术问题；瞄准和ITER物理相关的内容，着重开展和燃烧等离子体物理有关的研究课题，包括等离子体约束和输运、高能粒子物理、新的偏滤器位型、在高参数等离子体中的加料及第一壁和等离子体相互作用等，中国环流器二号A装置开始升级改造为中国环流器二号M（HL-2M）装置。HL-2M装置是由我国完全自主研制建造的新一代先进托卡马克装置，于2020年12月完成安装调试，首次实现放电。投入运行的HL-2M装置将打造成为ITER运行与实验及未来核聚变堆设计的重要技术研发平台，开展与未来核聚变堆相关的科学技术研究。该装置设计的等离子体电流可达3兆安，具有更高的能量约束时间、密度和温度三乘积、高比压、高自举电流等特点，采用先进偏滤器位形，其受热面积比常规偏滤器大10倍左右，能大幅提升排热能力。此外，HL-2M采用可拆卸的环向场线圈，极向场位于环向场线圈内侧，将极大提升装置的灵活性和等离子体的控制能力，为未来核聚变堆的关键物理和工程技术研究提供技术支撑。

可控核聚变能要实现商业化应用，需要经过三大步骤，即实验堆、示范堆和商用堆。实验堆和示范堆分别承担着工程可行性和商用可行性的验证任务。ITER的建造、运行和实验研究是人类发展核聚变能过程中必要的一步，有可能直接决定真正核聚变示范电站的设计和建造，进而促进商用核聚变电站的更快实现。ITER的使命完成后，各国将进入独立设计建造示范堆的阶段。但从ITER到示范堆，存在很多技术上的飞跃，还需要对未来核聚变堆的主要部件进行综合实验，以及研究氚的增殖、提取、回收与包容约束工艺技术和示范堆条件下的材料试验等，为设计和建造示范堆提供技术基础。我国正在投入设计的中国聚变工程实验堆CFETR（China Fusion Engineering Test Reactor）正是继ITER之后桥接示范堆的一个大型实验堆平台。CFETR的初期目标是核聚变功率达到200兆瓦，实现稳定、可靠、安全、氚自持和稳态运行；二期目标是着重核聚变堆示范演示和验证，目标是核聚变功率大于1吉瓦，探索示范堆先进安全的重大科学和技术问题，为我国独立自主大规模建设核聚变商用电站、实现人类“人造太阳”绿色能源的梦想奠定和夯实基础。

可控核聚变的研究，由于其未来巨大的市场前景，以及核聚变能源科学巨大的知识及技术基础，吸引了另一支虽不在主战场，但始终坚守、不离不弃、不可忽视的群体，他们试图迈过大型核聚变装置建造时间长、投资巨大、周期漫长的坎坡，简化通往核聚变发电站的道路，研究探索一种小型紧凑的核聚变能源装置。由于他们的介入，带来了几种不同的可控核聚变方法和设计理念。代表性的包括一种称为等离子体套筒压缩磁惯性聚变（PJMIF）的概念，所谓PJMIF，就是利用多（几百）束高速（100千米/秒）喷射的高Z等离子体压缩磁化等离子体靶，以大幅提高等离子体参数实现核聚变的方法，目标等离子体密度将达到10^{27}/米^3，介于磁约束聚变和惯性约束聚变之间，是一种新型的实现核聚变的中间路线，具有结构相对简单、成本相对低廉的优势。这一概念需要解决的重大课题是压缩过程中的不稳定性。利用这一概念，由美国麻省理工学院衍生而来的“联邦核聚变系统公司”计划利用超导电磁铁设计并建设一个紧凑型聚变实验装置SPARC。他们雄心勃勃地计划让SPARC项目成为首个实现“净能量增益”的核聚变反应堆，实现核聚变商业化。2014年，另一家美国著名公司——洛克希德·马丁公司宣布正在研制一种新型紧凑型核聚变反应堆（CFR），该反应堆大小为7英尺×10英尺（约为2.13米×3.05米），小到可以放到一辆大型卡车的后面，是现有反应堆尺寸的1/10。该公司所属的“臭鼬工厂”（高级开发项目的官方认可绰号）开展核聚变研究与投资已有60多年，他们致力于开发一种尺寸远远小于主流的核聚变反应堆。正所谓“船小好调头”，IAEA的核物理学家Sehila称，由私企主导的紧凑型项目更为灵活，可快速适应新技术和新发现，且成本较低。由这些私企主导的紧凑型核聚变实验装置的研发尚待进一步观察和跟踪。

附录二　国际托卡马克磁约束核聚变发展大事记

1950年 欧美各主要国家秘密开始进行磁约束核聚变的相关研究。一些可控核聚变的概念及相应的实验装置，如仿星器、箍缩装置和磁镜装置等相继被提出。

1955年 苏联库尔恰托夫研究所开始进行热核聚变和等离子体物理方面的工作，该所是托卡马克的发源地。"托卡马克"概念由苏联科学家塔姆和萨哈罗夫提出。

1958年 ·在第二届和平利用原子能国际会议上，各国将研究成果解密，公布了一批理论和实验结果，磁约束核聚变开始走向国际合作。

·苏联托卡马克装置T-1于年底开始运行，这是第一个具有全金属反应室且不带绝缘垫板的装置，被认为是世界首个托卡马克装置。

1968年 在新西伯利亚召开的第三届国际原子能机构（IAEA）等离子体物理和受控核聚变研究国际会议上，苏联科学家阿齐莫维奇公布了托卡马克装置T-3上的最新实验结果。在托卡马克装置T-3上首次观察到了核聚变能量输出，这是可控核聚变研究的重大突破。

1973年 法国托卡马克装置TFR成为当时世界上功率最高的核聚变装置，创造了2亿摄氏度等离子体温度纪录。

1975年 苏联库尔恰托夫研究所建成大型托卡马克装置T-10。

1979年 德国建造的大型托卡马克研究装置ASDEX在伽兴建成。

1982年 在德国ASDEX 装置上发现了高约束放电模式，该结果对于建设商用反应堆具有重大的意义。ASDEX装置成为20世纪80年代最成功的核聚变装置之一。

1983年 欧盟核聚变规划的主要实验装置——欧洲联合环JET建成投入运行。

1985年 ·日本建造的大型托卡马克装置JT-60投入运行并产生初始等离子体。JT-60装置与美国的TFTR、欧洲的JET一起被称为世界三大托卡马克。

·JET装置公布的实验结果显示，其等离子体电流达到3.7兆安，并能够维持数秒。

TOKAM

·苏联领导人戈尔巴乔夫在会见法国总统密特朗和美国总统里根时，提出了签署联合建造国际热核聚变实验堆协定（后称ITER计划）的建议，密特朗和里根响应了戈尔巴乔夫的倡议。从此，ITER项目得到国际社会政治上的大力支持。

1986年 ·普林斯顿的TFTR用功率为16 兆瓦的氘中性束注入氘靶等离子体，中心离子温度达到2亿摄氏度（为太阳中心温度的10倍），产生了10千瓦的核聚变功率，中子产额为10^{16}个/（秒·厘米^{3}）。

·日本九州大学应用力学研究所建造的超导强磁场托卡马克实验装置TRIAM-1M建成投入运行。

1987年 美国通用原子能公司（GA）建成世界磁约束核聚变和非圆截面等离子体物理研究最先进的大型实验装置——DIII-D装置。

1988年 ·美、苏两国发表联合公报，宣布美、苏、欧、日四方共同正式启动ITER计划，开始ITER概念设计(CDA)研究。

·法国建成的超导托卡马克装置Tore Supra首次获得等离子体。Tore Supra 是世界主要几个大型托卡马克装置之一，也是长脉冲运行的超导托卡马克装置。

·由库尔恰托夫研究所研制的世界第一个拥有Nb3Sn超导磁体系统的托卡马克装置T-15产生首个等离子体，演示了磁场的稳态运行工况，但是没有完全按设计指标运行，只运行了100炮，由于经费问题关闭，后改建成T-15MD。

1989年 印度开始策划建设Aditya托卡马克。

1990年 ·德国ASDEX装置8月正式关闭，并将ASDEX装置主机赠送给中国核工业西南物理研究院。

·意大利弗拉斯卡蒂托卡马克改造升级装置FTU投入运行。该装置在其后的实验中，在低杂波段和电子回旋频段波加热及电流驱动研究方面获

AK

得了引人注目的成果，并首先发现了边缘的多面非对称辐射（Multifaced Asymmetric Radiation From the Edge，MARFE）现象。

1991年 ·德国建成ASDEX-U装置，并于3月正式投入运行。ASDEX-U是世界唯一采用钨全涂层真空室的核聚变实验装置。

·在JET上首次成功地进行了获得兆瓦量级核聚变反应输出功率的D-T（氘-氚）放电实验。基本上证实了地球上将可控核聚变作为先进能源的科学可行性，树立了人类核聚变研究史上的一个里程碑。

1992年 美、俄、欧、日四方在华盛顿签署ITER工程设计(EDA)协议，开始进行ITER工程设计。

1993年 ·美国的TFTR装置实现氘-氚核聚变反应，两次实验释放的核聚变能分别为3兆瓦和5.6兆瓦，大约为JET输出功率的2倍和4倍，功率增益因子Q值达到0.28。

·美国麻省理工学院建成托卡马克装置Alcator C-Mod，该装置是世界公认的取得成果最多的装置之一。这是世界唯一按照ITER设计磁场和等离子体密度并超出ITER设计要求运行的托卡马克装置，也是唯一采用全金属壁以适应高功率密度的托卡马克装置。

1995年 JT-60成功达到临界等离子体条件。

1997年 ·JET用25兆瓦辅助加热功率演示产生核聚变功率16.1兆瓦，即核聚变能21.7兆焦耳的世界最高纪录。

·日本在JT-60上成功进行了氘-氘（D-D）反应实验，折算到氘-氚反应，Q值可以达到1.00，即能量得失相当；后来，Q值又超过了1.25，即有正能量输出。

1998年 ·美、俄、欧、日四方完成ITER工程设计（EDA）及部分技术预研。

·日本JT-60的升级改造装置JT-60U取得可控核聚变研究的最好成绩，获得了核聚变反应堆级的等离子体参数。

1999年 ·美国普林斯顿等离子体物理实验室建成球环形托卡马克核聚变实验装置NSTX并投入运行。

·英国建成中等尺寸球形托卡马克装置MAST。

·俄罗斯第一个球形托卡马克装置Globus-M建成。

2001年 ·创建国际协作聚变研究活动框架——国际托卡马克物理活动（ITPA）。

·欧、日、俄、加四方共同完成基于新运行模式的ITER-FEAT（ITER-Fusion Energy Advanced Tokamak）设计及大部分部件与技术的研发，工程造价降至约46亿美元。至此，ITER计划研究时间已长达13年，耗资近15亿美元。

2003年 ·Tore Supra在几乎稳态的条件下创造了长达6分半的长脉冲运行和超过1000兆焦耳能量输入输出的世界纪录。

·科技部部长徐冠华致函ITER计划谈判四方（欧、日、加、俄），代表中国政府正式提出加入ITER谈判申请。

·美国正式宣布重新加入ITER计划。

·韩国向ITER谈判各方正式提出申请加入ITER谈判。

2005年 参加ITER计划谈判的中、欧、日、韩、俄、美六方在莫斯科签署联合声明，决定将ITER建在法国南部的卡达拉舍。

2006年 ·印度被接纳进入ITER计划。

·在欧盟总部布鲁塞尔，参加ITER谈判的中、欧、印、日、韩、俄、美七方草签了《联合实施国际热核聚变实验堆计划建立国际聚变能组织的协定》（简称《组织协定》）和《联合实施国际热核聚变实验堆计划国际聚变能组织特权和豁免协定》（简称《特豁协定》）。

2007年 ·日本和欧洲正式签署日欧双方有关核聚变能源研究领域的合作协议，即BA计划（更宽领域研究计划）。此后，日欧开始共同设计制作全超

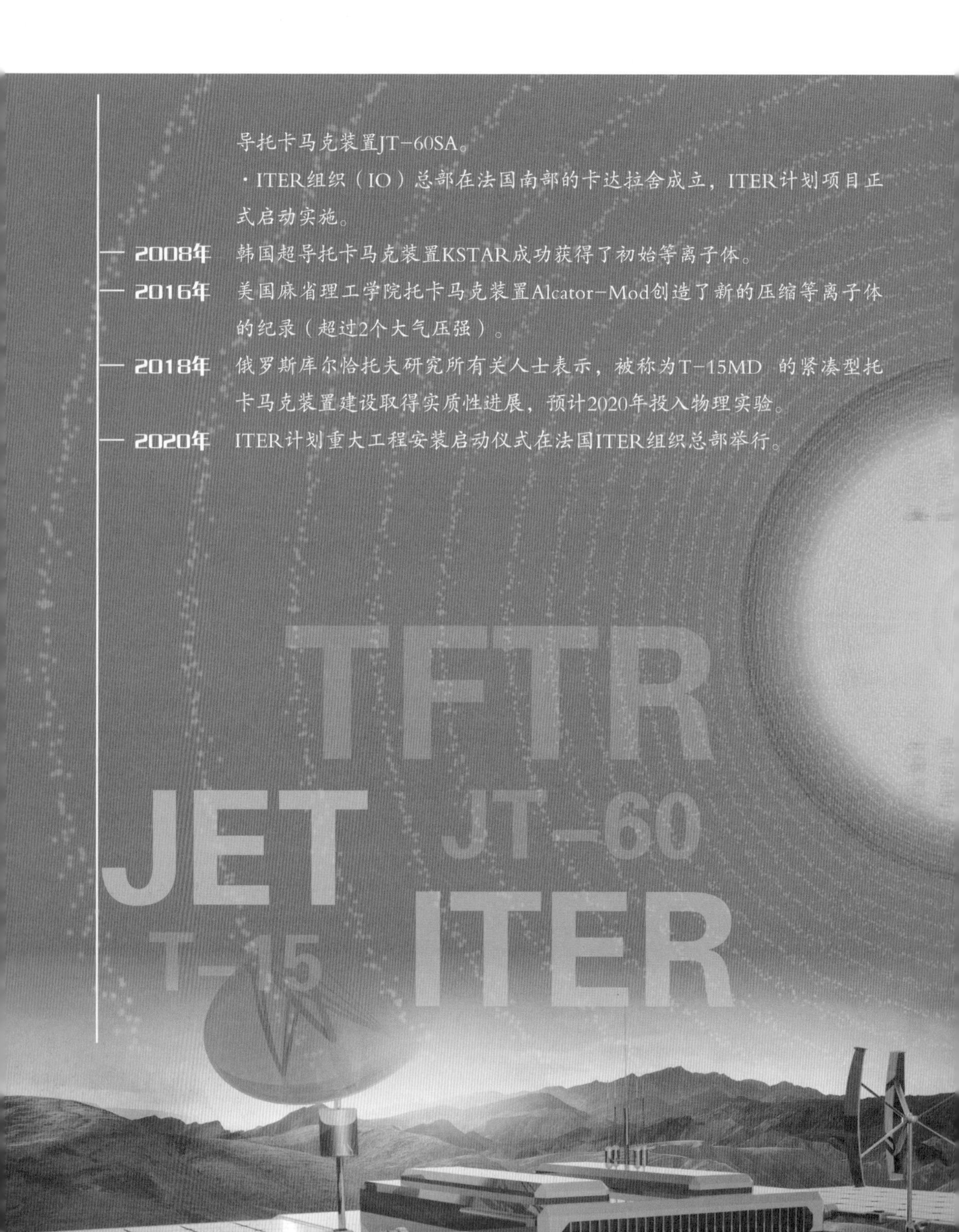

导托卡马克装置JT-60SA。

·ITER组织（IO）总部在法国南部的卡达拉舍成立，ITER计划项目正式启动实施。

2008年 韩国超导托卡马克装置KSTAR成功获得了初始等离子体。

2016年 美国麻省理工学院托卡马克装置Alcator-Mod创造了新的压缩等离子体的纪录（超过2个大气压强）。

2018年 俄罗斯库尔恰托夫研究所有关人士表示，被称为T-15MD 的紧凑型托卡马克装置建设取得实质性进展，预计2020年投入物理实验。

2020年 ITER计划重大工程安装启动仪式在法国ITER组织总部举行。

附录三　中国磁约束核聚变研究大事记

1955年　李正武院士（时任中国科学院原子能研究所一部一室副主任）提出开展“可控热核反应”研究的建议，并亲自制定了第一个“可控热核反应”研究规划（1955—1956年）。

1956年　李正武院士倡议开展可控核聚变与等离子体物理方面的研究，得到王淦昌等核科学家们的支持，可控热核聚变反应研究被列入《1956—1967年科学技术发展远景规划》。

1957年　可控核聚变反应研究的实施方案在二机部和中国科学院开始实施。

1958年　二机部401所（北京原子能研究所）14室（热核反应室）正式成立，可控核聚变研究在401所全面展开。

1959年　二机部401所建成磁镜“小龙”装置，并开始研究仿星器（可控核聚变实验装置之一）方案。

1965年　东北技术物理研究所（503所）与二机部401所14室及水电部电力科学研究院热工二室合并组建二机部585所（现中核集团核工业西南物理研究院），迁建于四川省乐山市。

1969年　585所“451工程”（中国环流器一号装置）开始方案设计。时年，可控核聚变实验装置角向三号和“小龙”脉冲磁镜装置建成。

1970年　“451工程”（中国环流器一号装置）项目建设获得国家计委批准。585所被列为“四五”计划（1970—1975年）国家重点建设单位。

1974年　·李正武院士组织成立核聚变堆研究小组，着手核聚变堆的前瞻性研究工作。

·中国科学院物理研究所建造第一台带有铁芯的托卡马克装置CT-6。

1976年　经国务院批准，585所以“中国科学院西南物理研究所”名称部分对外开放。

1978年　中国科学院批准成立等离子体物理研究所。

1979年　·“中国科学院西南物理研究所”更名为“第二机械工业部西南物理研究所”。

·李正武院士率团参加英国第9届欧洲可控核等离子体物理会议，应邀作题为《中国的可控核聚变研究》的报告。

1980年 ·由李正武院士担任主编的我国核聚变与等离子体领域第一部学术期刊《核聚变与等离子体物理》创刊。

·中国科学院等离子体物理研究所建成HT- 6A装置。

1984年 我国自行设计建造的时年最大的可控核聚变研究实验装置——中国环流器一号（HL-1）装置完成总装及各系统总体联合调试准备，9月21日成功启动。

1987年 李正武院士当选为国际原子能机构第24届核聚变研究理事会理事，成为首位中国理事。

1988年 “核工业部西南物理研究所”改名为“核工业西南物理研究院”，李正武院士担任名誉院长。

1990年 国务委员、国家科委主任宋健视察核工业西南物理研究院并题词“研究开发核聚变能源是人类科学事业的崇高目标”。同年，中国科学院等离子体物理研究所接受苏方赠送的超导托卡马克装置T-7。

1991年 中共中央总书记、中央军委主席江泽民视察核工业西南物理研究院并题词“开发核聚变能源，造福子孙后代”。

1994年 ·中国环流器新一号（HL-1M）装置改造完成。

·中国科学院等离子体物理研究所完成对T-7的改造，命名为HT-7超导托卡马克装置，并成功实现首次调试。

1997年 国务院科技领导小组批准HT -7U大科学工程立项建设。

1999年 HT-7实验取得新突破：获得稳定可重复的准稳态等离子体，等离子体放电时间长达10.71秒。

2002年 中核集团核工业西南物理研究院引进德国原ASDEX装置的磁体、真空室和支撑，建成中国第一个具有偏滤器位形的托卡马克装置——中国环流器二号A（HL-2A）并成功放电，通过由国防科工委组织的工程验收。

2003年 ·中国正式加入ITER计划。

·HT-7U装置更名为EAST。

2005年

·参加ITER六方第11次部长级谈判的欧盟及美国、俄罗斯、韩国、日本的国际核聚变顶级领军专家专程前往核工业西南物理研究院参观中国环流器二号A装置。

·以霍裕平院士领衔的“磁约束核聚变基础研究”项目成为获得国家重点基础研究发展计划（973计划）支持的首个项目。

·中国科学院中国科学技术大学基础等离子体物理重点实验室成立。

2006年

·磁约束核聚变首次被列入《国家中长期科学和技术发展规划纲要2006—2020年》。

·我国核聚变能源开发取得新进展：HL–2A装置产生的等离子体电流达到 400千安，等离子体存在时间达到2960毫秒，实现了在等离子体电流350千安条件下连续12次左右的重复稳定放电。

·“中国环流器二号A（HL–2A）装置物理实验及相关核聚变技术研究项目”通过国防科工委组织的验收。

·中国自行设计研制的世界首个全超导托卡马克装置EAST由中国科学院等离子体物理研究所建成并正式投入运行。

·HL–2A装置等离子体电子温度“跃升”到5500万摄氏度，成为当时我国磁约束核聚变装置达到的最高等离子体温度，标志着我国磁约束核聚变研究再上新台阶。

·被誉为“核聚变奥运会”的第21届世界聚变能大会（FEC）在成都开幕，包括中核集团核工业西南物理研究院所作的综述报告在内，中国有3篇综述报告在大会发表。

2007年

·全国政协副主席李蒙视察中核集团核工业西南物理研究院，并指出：“解决未来能源危机你们肩负重任”。

·韩国副总理兼科技部部长金雨植访问中核集团核工业西南物理研究院。

·十届全国人大常委会第二十九次会议批准《联合实施国际热核聚变实验堆计划建立国际聚变能组织的协定》和《联合实施国际热核聚变实验堆计划国际聚变能组织特权和豁免协定》。

·科技部会同有关部门正式成立国家磁约束核聚变专家委员会，以有效发挥专家机制，积极发展中国核聚变能。

·华中科技大学引进得克萨斯大学(奥斯丁)的核聚变实验装置TEXT-U建造的托卡马克装置J-TEXT实现第一次等离子体放电。

·中共中央总书记、国家主席、中央军委主席胡锦涛视察中国科学院等离子体物理研究所的全超导托卡马克装置EAST。

2008年 ·HL-2A装置在磁约束研究方面首次发现了自发产生的粒子输运垒存在；首次观测到与理论一致的准模结构；首次证实低频带状流的环向对称性现象。表明我国在高温等离子体输运物理研究方面已步入国际前沿。

·HT-7实现连续重复长达400秒的高温等离子体放电。

·科技部在北京隆重举行中国国际核聚变能源计划执行中心揭牌仪式。

2009年 ·HL-2A装置在国内首次实现高约束模式运行。

·中核集团核工业西南物理研究院独立研发出核聚变反应装置中的关键核心部件——屏蔽包层及重力支撑部件。这些核心突破已经获得国际认可，并将应用到ITER的建设中。

·中共中央政治局常委、国务院副总理李克强视察EAST装置。

·HL-2A装置首次实现了偏滤器位形下高约束模式运行，这是我国磁约束核聚变实验研究史上具有里程碑意义的重大进展。

2010年 中核集团核工业西南物理研究院被科技部授予“国际科技合作基地”称号。

2011年 中共中央政治局常委、中央书记处书记、国家副主席习近平视察EAST装置。

2012年 ·ITER组织总干事本岛修一行访问中核集团核工业西南物理研究院，并参观了HL-2A装置。

·EAST 获得稳定重复超过30秒的高约束等离子体放电，这是迄今国际上最长时间的高约束等离子体放电。同年，EAST 获得超过400秒的2000万摄氏度高参数偏滤器等离子体，这也是国际上最长时间的高温偏滤器等离子体放电。

·第24届世界聚变能大会（FEC）上，中核集团核工业西南物理研究院共有30余篇论文被会议推荐和接受，论文数量创该院历史新高。《中国环流器二号A（HL-2A）装置近期实验成果综述》作为大会综述报告，受到与会专家的关注与赞誉。

2013年

·英国原子能机构主席Roger Cashmore一行访问中核集团核工业西南物理研究院，并参观了HL-2A装置。

·英国大学与科学国务大臣戴维·威利茨一行访问中核集团核工业西南物理研究院，并参观了HL-2A装置。

·俄罗斯总理梅德韦杰夫访问中国科学院等离子体物理研究所。

·中核集团副总工程师田佳树当选ITER理事会管理咨询委员会主席。

·磁约束核聚变能发展研究战略研讨会在北京召开，科技部副部长曹健林出席会议并讲话。

·以全国政协教科文卫体委员会副主任、科技部副部长陈小娅为组长的全国政协调研组视察中核集团核工业西南物理研究院。

·ITER组织总干事本岛修访问中国科学院等离子体物理研究所，并参观了EAST装置。

2015年

·法国原子能委员会专家代表团一行11人到中核集团核工业西南物理研究院开展为期一周的联合实验。这是法国核聚变界首次以大型代表团形式参加法国以外的可控核聚变物理实验。

·中国核学会核聚变与等离子体物理分会于8月22日在成都完成换届选举。中核集团核工业西南物理研究院刘永研究员当选为中国核学会核聚变与等离子体物理分会第四届理事会理事长。

·中国聚变工程实验堆CFETR完成概念设计。

2016年

·中国突破热核聚变工程核心技术，由中核集团核工业西南物理研究院独立研发制作的增强热负荷型ITER第一壁（FW）半原型部件在国际率先通过高热负荷试验认证。

·HL-2A团队又一重要实验成果发表在物理学国际顶级刊物*Physical*

Review Letters（《物理评论快报》）上，首次从HL-2A物理实验和理论模拟上揭示了在等离子体高约束放电模式下杂质离子对电磁湍流的驱动机制，观察到激发电磁湍流的两个正负非对称的临界杂质密度梯度、杂质的边缘聚集及对不稳定性的驱动机制。

2017年 ·全国政协副主席王家瑞视察中核集团核工业西南物理研究院。

·在“ITER十年——回顾与展望”会议上，国际核聚变专家发表《北京聚变宣言》，支持中国设计和推进“中国聚变工程实验堆”。

·EAST成功实现了电子温度1亿摄氏度、离子温度3000万摄氏度、持续时间达100秒的超高温长脉冲等离子体放电，成为世界首个实现稳态高约束模运行、持续时间达到百秒量级的托卡马克核聚变实验装置。

2018年 ·中核集团核工业西南物理研究院承建的全球首台ITER真空室内部件热氦检漏设备顺利通过ITER组织验收，并在该设备上完成世界首次ITER热氦检漏测试，各项性能指标均满足ITER组织要求。

·国家重点研发计划“政府间国际科技创新合作”专项、磁约束核聚变能发展研究2017年度第一批项目“CFETR 氚工厂系统总体设计技术研究”项目启动会在绵阳中国工程物理研究院核物理与化学研究所举行。

·由中核集团承担的ITER磁体支撑首批产品在贵州遵义正式交付，并被运往位于法国的ITER现场，成为进入厂房并进行安装的首批基础性部件。

·国务院国资委在中国核工业科技馆举行发布会，正式发布中央企业工业文化遗产（核工业）名录和《中央企业历史文化遗产图册》。“中国第一座人造太阳实验装置”在近100项核工业文化遗产中成功入选，被列入首批发布名录。

·中国聚变工程实验堆（CFETR）集成工程设计大会11月27日在中国首座“人造太阳”诞生地四川乐山开幕，CFETR正式开始工程设计。中国磁约束核聚变研究由此开启新征程。

2019年　·中国首台大型立式脉冲发电机组研制成功。它将为中核集团核工业西南物理研究院在建的“中国环流器二号M”（HL-2M）提供大功率、高储能供电需求。

·ITER组织总干事比戈代表ITER组织与中核集团牵头的中法联合体正式签订了ITER主机安装一号合同（TAC1）。这是有史以来中国企业在欧洲市场中竞标的最大的核能工程项目合同，也是中国核能单位首次以工程总承包的形式成功参与国际大科学工程项目。

·位于四川乐山的中核集团核工业西南物理研究院“首座受控核聚变实验装置旧址”正式入选国务院第八批全国重点文物保护单位。

·第一届中国磁约束聚变能大会暨聚变能活动周（CFEC 2019）在四川乐山中核集团核工业西南物理研究院基地举办。

2020年　我国目前规模最大、参数最高的先进磁约束核聚变实验研究装置——HL-2M完成安装调试，并实现首次放电，标志着中国自主掌握了大型先进托卡马克装置的设计、建造、运行技术，为我国核聚变堆的自主设计与建造打下了坚实基础。

2021年　东方超环EAST实现100秒1.2亿摄氏度、20秒1.6亿摄氏度等离子体放电。

附录四 中国环流器装置大事记

1970年 585所（核工业西南物理研究院前身）首个托卡马克装置完成技术设计，上报二机部。二机部以“451工程”代号向国家科委、国家计委申报立项。当年10月6日获得国家计委正式批准，后命名为“中国环流器一号”（HL-1）。

1972年 一机部正式给有关省、市、厂下达“451工程”非标设备研制任务，HL-1正式开始研制，全国十几个省、市，工业部，近百个厂所院校协同参与。

1978年 HL-1装置完成重要部件的工艺试验和预研工作。

1981年 HL-1装置结束全部主机部件制造，进行预总装。

1984年 HL-1装置完成总装及各系统总体联合调试准备，9月21日成功启动。这是我国自行设计建造的迄今最大的可控核聚变研究实验装置，中央电视台、《人民日报》、《光明日报》等全国各大媒体以《中国环流器一号建成启动》为标题在显著位置报道，它标志着我国可控核聚变研究由原理探索进入规模物理实验阶段，使我国成为除美国、苏联、日本和西欧外，唯一自主研制成功中型托卡马克核聚变研究装置的国家。

1985年 HL-1装置通过核工业部组织的国家验收，正式交付使用，并被评为我国十大新闻和十项重大科技成就之一。

1986年 HL-1装置获得国家优质工程银质奖。

1987年 “中国环流器一号（HL-1）装置研制”获国家科学技术进步奖一等奖。这是我国研制的核聚变研究实验装置首个获得国家科学技术进步奖一等奖的装置。同年，“451工程”（HL-1装置）获国家质量银质奖。

1992年 HL-1装置全部物理实验研究任务结束。HL-1共组织了20多次大规模的物理实验，进行了1万多次有记录的放电，取得了400多项科研成果。大部分实验研究课题属于国际核聚变研究领域的前沿，实验结果达到了国际同类型同规模装置水平，是我国核聚变研究史上的重要里程碑，具备了参与国际合作与竞争的条件。同年，“中国环流器一号物理实验研究”获国家科学技术进步奖二等奖。

1993年 中国核工业总公司下达中国环流器新一号装置（HL-1M）研制任务。

1994年 HL-1M装置改造完成。在这个装置上拆去了原来用于反馈控制的大铜壳，从而大大增加了实验用窗口，使之可灵活地开展各种物理研究，同时改进了加热和诊断系统。中国核工业总公司组织的专家验收认为：HL-1M装置在工程、等离子体参数和开展前沿物理实验的能力等方面都比中国环流器一号（HL-1）装置做了重大改进。

1997年 ·HL-1M装置研制与实验成果获得国家科学技术进步奖二等奖。

·HL-1M装置在等离子体约束、边缘物理和高能粒子物理方面取得多项国内领先、国际先进的研究成果。

1999年 由中国核工业集团公司组织的专家评议会认为：5年来HL-1M“取得了一批具有特色的达到国际先进水平的实验成果，使我国的核聚变实验研究水平又迈上了一个新台阶”。与此同时，利用德国ASDEX装置主机三大部件配套改建的中国环流器二号A（HL-2A）装置正式动工建设。

2001年 HL-1M装置实验成果获得国防科学技术奖一等奖。

2002年 HL-2A装置正式建成，并于11月中旬获得初始等离子体。

2003年 HL-2A装置在首轮物理实验中成功实现中国第一次偏滤器位形托卡马克运行。

2004年 HL-2A装置工程研制项目获2004年度国防科学技术奖一等奖。

2006年 HL-2A装置在电子回旋加热实验中使等离子体电子温度跃升到5500万摄氏度，向着核聚变装置“点火”所需的上亿摄氏度高温跨越一大步，成为当时我国磁约束核聚变装置达到的最高等离子体电子温度。

2008年 HL-2A装置在磁约束研究方面首次发现了自发产生的粒子输运垒存在；首次观测到与理论一致的准模结构；首次证实低频带状流的环向对称性现象。这些成果的取得表明我国在高温等离子体输运物理研究方面已步入国际前沿。

2009年 HL-2A装置首次在中国实现了偏滤器位形下的高约束模（H模）式运行。这项重大科研成果使我国在继欧盟、美国和日本之后，站上了核聚变研究的这一先进平台。这是中国磁约束核聚变实验研究史上具有里程碑意义的重大进展，它标志着中国的磁约束核聚变科学和等离子体物理实验研究进入了一个接近国际前沿的崭新阶段。

2010年 ·“中国环流器二号A（HL-2A）装置改造与升级项目”（HL-2M）完成了《可行性研究报告》《初步设计报告》《安全预评价报告》等的编制工作，项目正式进入工程实施阶段。

·HL-2A装置高温等离子体诊断系统研制项目获国家科学技术进步奖二等奖。

2012年 ·以HL-2A装置为主的“托卡马克等离子体若干重大物理问题的实验研究项目”获中核集团公司“科技特等奖”。

·HL-2M完成装置主机主要系统有关工程设计方案。

2013年 HL-2A装置发现了在L-H转换过程中的一种新的有限环振荡现象，观测到了多种高能粒子不稳定性的非线性相互作用，实现了用团簇分子束注入对边缘局域模（ELM）的缓解，引起了国际核聚变界的广泛兴趣和重视。同年，HL-2M装置主机三大部件（磁体线圈、真空室和支撑结构）的工程设计完成技术方案。

2014年 HL-2A装置在H模物理、磁流体不稳定性（MHD）和高能粒子物理、边缘局域模物理和输运等多个核聚变研究领域取得了创新性的研究成果。HL-2M装置磁体线圈、真空室和支撑结构主机三大部件全面进入加工制造阶段。

2015年 为HL-2M装置配套的四号发电机380余吨转子一次性吊装成功，标志着四号发电机安装进入收尾阶段。

2016年 ·HL-2A装置实验发现多项新的物理现象，包括在H模期间由杂质密度梯度驱动的电磁湍流、磁岛和测地声模同步现象及鱼骨模激发的非局域热输运现象。这些现象的发现可能对台基动力学、带状流和非局域热输运的深入研究有重要意义。同年，HL-2A装置实验科研团队重要科研成果“Synchronization of geodesic acoustic modes and magnetic fluctuations in toroidal plasmas”（《环形等离子体中测地声模和磁扰动的同步相互作用》）、“Observation of double impurity critical gradients for electromagnetic turbulence excitation in tokamak plasmas”《托卡马克等离子体中激发电磁湍流的双临界杂质密度梯度阈值》）在物理学国际顶级刊物《物理评论快报》（*Physical Review Letters*）上发表。

·HL-2M装置主机部件加工全面展开，首批主机部件已交付现场。线圈加工进展顺利，环向场（TF）线圈中心段正式组件基本完成；基本完成真空室20个扇形段的制造，真空室窗口精加工全面结束。

2017年 HL-2A装置关键技术取得多项突破。新发展CO_2色散干涉仪系统、束发射光谱（BES）等7 项先进诊断技术，改进6 项诊断技术，部分诊断技术处于国际领先地位。HL-2M装置主机三大部件进入有序加工阶段，部分已进入分期分批交付阶段。真空室各扇形段的窗口开孔基本完成。

2018年 在HL-2A装置上，科研人员首次成功实现“夹心”弹丸注入，表明中国环流器装置在核聚变加料方面取得创新性进展，为中国聚变工程实验堆（CFETR）加料提供技术借鉴。

2019年 HL-2A装置2019年度春季实验等离子体比压值在国内首次实现了高比压（$\beta_N>3$）等离子体放电运行。

2020年 HL-2M装置12月4日完成安装调试，并实现首次放电。

HL-1
HL-2A HL-1M
HL-2M

参考文献

[1] 王龙. 我国磁约束聚变研究的早期历史[J]. 物理，2008，37（1）：38–41.

[2] 加里・麦克拉肯，彼得・斯托特. 宇宙能源：聚变[M]. 北京：中国原子能出版社，2008.

[3] 中国核学会. “核”我探秘：我们身边的核科学技术[M]. 北京：中国原子能出版社，2015.

[4] 邱励俭. 核聚变研究50年 [J]. 核科学与工程，2001（1）：29–38.

[5] 杨福家. 原子物理学[M].4版. 北京：高等教育出版社，2008.

[6] 丹尼尔・克里利. 一瓣太阳：可控核聚变的寻梦之旅（修订版）[M]. 上海：上海教育出版社，2017.

[7] 徐克尊，陈向军，陈宏芳. 近代物理学[M].2版.合肥：中国科学技术大学出版社，2008.

[8] 赵凯华，陈熙谋.电磁学[M].2版. 北京：高等教育出版社，1985.

[9]《图解经典》编辑部. 图解万物简史[M]. 北京：中国出版集团，现代出版社，2017.

[10] 郑士波，魏志敏. 改变历史的科学故事[M].北京：中国华侨出版社，2017.

[11] 吴军. 全球科技通史[M]. 北京：中信出版集团，2019.

[12] 王正行.近代物理学[M]. 2版. 北京：北京大学出版社，2010.

[13] 中国国际核聚变能源执行中心，核工业西南物理研究院. 国际核聚变能源研究现状与前景[M] . 北京：中国原子能出版社，2015.

[14] 中国核学会，中国核科技信息与经济研究院. 2049年中国科技与社会愿景：核能技术与清洁能源[M] . 北京：中国科学技术出版社，2020.

[15] THOMAS H S. Highlights in early stellarator research at Princeton[J]. J Plasma Fusion Res Series，1998（1）: 3–8.

[16] YOSHIKAWA S，STIX T H.Experiments on the model C stellarator[J]. Nuclear fusion，1985，25（25）: 1275.

[17] GLORIA B L. Los alamos scyllac? A better theta pinch[J]. Physics today，1967，20(3):82–83.

[18] PAMELA J，SOLANO E R. From JET to ITER：preparing the next step in fusion research[R]. European Fusion Development Agreement.Project，2001.

[19] FIXSEN D J.The temperature of the cosmic microwave background[J]. Astrophysical journal，2009，612（1）:86–95.

[20] 李建刚. 托卡马克研究的现状及发展[J]. 物理，2016（2）：88–97.

[21] 张柏生，张茂清，汪萍，等. 未来电力来自核聚变发电[J]. 苏州大学学报（工科版），2004（6）：55–58.

[22] 朱士尧. 核聚变原理 [M]. 合肥：中国科学技术大学出版社，1992：390–391.

[23] 邓柏权. 聚变堆物理：新构思和新技术[M]. 北京：中国原子能出版社，2013.

[24] 中国科学技术协会，中国核学会. 2014—2015核科学技术学科发展报告[M]. 北京：中国科学技术出版社，2016.

[25] 罗德隆，何开辉. 国际热核聚变实验堆计划：从倡议到实施[J]. 中国基础科学，2008（4）：3–8.

[26] 冯开明. 可控核聚变与ITER计划[J]. 现代电力, 2006（5）：82–88.

[27] 张炎. 处在转折中的ITER[J]. 国外核新闻, 2003（5）：25–28.

[28] 潘垣.国际热核实验反应堆计划及其对中国核能发展战略的影响[J].物理，2010（6）：379–384.

[29] 钱炜. ITER："人造太阳"的中国之光[J]. 中国新闻周刊, 2011（22）：66–67.

[30] 傅鹏. 国际聚变堆 ITER 装置电源系统综述[J]. 电力电子技术, 2014, 48（12）：1–7.

[31] 李浩. ITER十年：为"人造太阳"贡献中国智慧[J]. 科技中国, 2018（1）：37–40.

[32] 葛维维. 逐梦・跨越　中国闪耀ITER十年之路[J]. 中国核工业, 2018（1）：45–47.

[33] 万元熙.CFETR设计及工程预研进展[R]. 第一届中国磁约束聚变能大会暨聚变能活动周，2019.

[34] 罗德隆.中国磁约束核聚变研发与展望[R]. 第一届中国磁约束聚变能大会暨聚变能活动周，2019.

[35] 万宝年.人造太阳EAST全超导托卡马克核聚变实验装置[M]. 杭州：浙江教育出版社，2017.

[36] 塞费.瓶中的太阳：核聚变的怪异历史[M]. 上海：上海科技教育出版社，2011.

[37] 朱毓坤. 中国环流器HL和欧洲联合环JET的检漏技术进展[J]. 真空与低温，2006(12)：63–67.

[38] 万元熙. 各国聚变能发展战略和现状[R]. ITER专项"聚变实验堆设计研究"项目汇报研讨会，2011.

[39] 罗德隆. ITER十年：中国正式加入ITER计划10周年纪念文集[C]. 北京：中国核聚变能源计划执行中心，2017.

[40] FENG K M. Activation calculation and environmental safety analysis for fusion experimental breeder（FEB）[M]//中国核科技报告，CNIC–01052，SIP–0090.北

京：中国原子能出版社，1996.

[41] 科学技术部. 磁约束聚变堆总体设计组第八次工作会议课题汇报文集[C]. 磁约束聚变堆总体设计组，2013.

[42] 徐銤. 核能在我国的地位和发展建议[J]. 中国核工业，2000（2）：23-25.

[43] 张杰. 浅谈惯性约束核聚变[J]. 物理，1999（3）：18-28.

[44] 尚振魁. 李正武：我国受控磁约束核聚变的奠基人[J]. 核聚变与等离子体物理，1997，17（1）：2-4.

[45] 邓希文. 中国环流器新一号(HL-1M)装置研制[J]. 核聚变与等离子体物理，1998，（18）：1-8.

[46] 段旭如，钟武律. 中国环流器二号A装置物理实验研究进展[J]. 中国科学：物理学力学天文学，2019（4）：22-42.

[47] 徐銤. 我国快堆技术发展的现状和前景[J]. 中国工程科学，2008（1）：70-76.

[48] LI J G，WAN Y X. Present state of Chinese magnetic fusion development and future plans[J]. Journal of fusion energy，2019（38）：113-124.

[49] 王保成，唐卫红，方延平. 磁压缩等离子体电热炮[J]. 现代物理知识，2001（2）：28.

[50] 罗德隆，宋云涛，段旭如，等. 中国ITER计划采购包进展[J]. 中国科学：物理学 力学天文学，2019（4）：11-21.

后记

核工业西南物理研究院作为中国最早成立的“人造太阳”——可控核聚变能源研发的大型科研基地，于1984年建成中国第一座中型托卡马克核聚变实验装置——“中国环流器一号”（HL-1），是中国磁约束核聚变进入大规模实验的一个重要里程碑。此后，包括“中国环流器一号”（HL-1）、“中国环流器新一号”（HL-1M）、“中国环流器二号A”（HL-2A）、“中国环流器二号M”（HL-2M）等在内的中国环流器系列装置建造和实验所取得的丰硕成果，为我国“人造太阳”可控核聚变能源的开发及中国核聚变能源科学研究进入国际核聚变能源研究的先进平台做出了重大贡献。2018年，“中国第一座人造太阳实验装置”在近100项核工业文化遗产中成功入选国务院国资委正式发布的中央企业工业文化遗产（核工业）名录和《中央企业历史文化遗产图册》。2019年，“首座受控核聚变实验装置旧址”被国务院公布为第八批全国重点文物保护单位。

2018年，中国科协、国家能源局、国家原子能机构、国家核安全局发布关于印发《“科普中国——绿色核能主题科普活动”2018年度工作方案》的通知。为普及提高公众对核聚变科学知识的认识，为未来清洁能源的开发储备人才，同时弘扬和宣传以中国环流器系列装置为代表的我国科学家在磁约束核聚变科学研究中贡献出的“中国智慧”和“中国力量”，由中国核学会牵头组织中核集团核工业西南物理研究院的青年科技人员，历时两年多编写了这本《托起明天的太阳》科普作品。

本书的创作得到了中国核学会的直接指导和大力支持，全国政协常委、中国核学会理事长王寿君为本书作序；中国工程院院士杜祥琬、李建刚，科技部中国国际核聚变能源计划执行中心主任罗德隆为本书题词；四川省科技厅为本书的创作提供了部分资金资助；中国核学会前秘书长潘传红研究员，中国核学会科普宣传高级顾问陈晓鹏，中核集团核工业西南物理研究院董家齐、冯开明、丁玄同研究员审阅了书稿并提出了许多建设性修改意见；中核集团核工业西南物理研究院张一鸣研究员承担并参与了本书的总策划、统稿和审校工作。成都墨之创文化传播有限公司承担了本书的版面、插图、科普效果、部分多媒体等设计，在此一并致谢！同时，感谢科技部中国国际核聚变能源计划执行中心、中国原子能出版社、中国核聚变博物馆、中核集团核工业西南物理研究院党委宣传部和科技与信息化处等单位为本书的编辑成稿提供的大力协助。

本书在创作过程中参阅了大量文献，除部分已经在本书参考文献中列出以外，还包括中核集团核工业西南物理研究院、中国科学院等离子体物理研究所等单位在内的部分专家在不同学术会议上发表的PPT报告，本书图片部分来自上述PPT报告及网络，因内外部环境及客观条件限制等各种原因未能联系到这些图片的版权所有者。在感谢上述文献及图片作者的同时，对他们深表歉意，如有需要请相关作者与出版方联系。

编　者

2020年12月